阅读成就思想……

Read to Achieve

基因机器

THE GENE MACHINE

How Genetic Technologies Are Changing the Way
We Have Kids — and the Kids We Have

推动人类自我进化的生物科技

［美］ 邦妮·罗彻曼 ◎ 著
（Bonnie RochMan）

张宏翔 李越 ◎ 译

中国人民大学出版社
·北京·

The Gene Machine

中文版序

HOW GENETIC
TECHNOLOGIES ARE CHANGING
THE WAY WE HAVE KIDS - AND THE KIDS WE HAVE

20 11 年，我开始想探究基因对于家长教育选择的各种影响，当时我是《时代周刊》的专栏作者。涉及育儿和儿科的话题很多，因此我的文章内容广泛。我写了碧昂丝坦然地在公共场合哺乳，也写了市场上推出了 DNA 测试，可以测出运动能力，这样一来，望子成龙的家长们就会知道自己的孩子应从事哪项运动！

这个育儿专栏我写了六个月，然后我的邮箱里收到了一份有意思的研究报告，当时该报告还未公开发表。这项研究想弄清楚，家长是否想让自己的孩子进行基因测试，测一测孩子是否容易患上一些很常见的成年期疾病，例如高血压和心脏病。家长都说愿意。他们都希望孩子身体健康，但却不知道，基因突变太常见了，任何孩子身上通常都会出现。

这真让我大吃一惊。我意识到，真相与我们听说的内容背道而驰，基因并非那样非黑即白。"基因即命运"实为误解。有时候，基因能决定命运；但更多的时候，基因只是命运迷局中的一环。

正是 DNA 的多面性吸引了我，并促使我写成此书。我们生活在基因组时代。对于基因和疾病之间的联系，几乎每天都有新发现。前沿基因技术让我们越来越了解自己的基因组，我想对此探究一番。

科学家们正在努力梳理基因和智力的关系。本书想弄清其中的是非难题，想弄清楚"红线"在哪里、是谁划的。本书探究了社会上对于残疾的看法，同时也探讨了胚胎筛选这一行为的前途和隐患。

科技日益进步，伦理道德难题只会越来越难。我们对于生儿育女已经了解得很多了吗？也许并非如此。

The Gene Machine

目录

HOW GENETIC
TECHNOLOGIES ARE CHANGING
THE WAY WE HAVE KIDS – AND THE KIDS WE HAVE

目 录

The Gene Machine 引言

基因检测是一把双刃剑

HOW GENETIC
TECHNOLOGIES ARE CHANGING
THE WAY WE HAVE KIDS–AND THE KIDS WE HAVE

66 他很完美。"在给我两周大的儿子做完首次检查后，儿科医生这样对我说。我因为喜悦而脸涨得通红。一个惴惴不安的新手妈妈在听到这句话后该是多么宽慰啊！然而，他说错了。我们每个人都会发生基因突变。事实上，每个人一生下来就会发生约 60 个新的基因变异或者改变。

有的基因突变比较明显，有的会引发问题，有的则不会。常言道"没有人是完美的"，基因更是如此。

2007 年，当我怀了第三个孩子时，一次例行的超声检查显示我女儿正在发育的大脑里有个囊肿。我平躺在漆黑的房间里，肚子上涂着超声波耦合剂，整个人呆住了。要和听起来就不祥的"囊肿"相抗衡已经很糟了，更何况还把这个东西和我宝宝的大脑——她那小身体的指挥中心联系在一起，真是太可怕了！我听医生说，这样的气泡会自然消失，但也可能是 18-三体综合征的表现，这是一种会扼杀新生儿的疾病。我可以选择医生所说的"观察等待"，在孕期通过超声波对囊肿进行密切观察；或者我也可以选择羊膜腔穿刺术，把一根羊膜腔穿刺针插入子宫，从羊水中漂浮的胎儿皮肤细胞里提取 DNA。在娴熟的外科医生手中，流产的概率非常低，但风险并不是完全没有。我要怎么选择呢？

我是个信息控，所以我的选择很明确，我和丈夫径直去了做羊膜腔穿刺术的专家办公室。手术进行得很快，手术中我的腹部感到一阵剧烈的疼痛。可以想象，做完手术的第二天我是多么担心自己会流产，怀疑自己是否做了正确的选择。然后，在一月份一个星期六的下午，我的第二个孩子两岁生日那天，实验室那边打来电话，告诉我初步结果显示胎儿所有的染色体均正常，让我放心。我一下子就倒到沙发上，把一身紫色天鹅绒长袍、留着一头金色小卷发的小寿星茜拉搂进怀里。我着实松了一口气，眼泪也啪嗒啪嗒掉了下来。

所以，你可以想象到我几天之后从邮递员那里收到自己索要的实验室报告后有多么困惑：羊膜腔穿刺术确实排除了 18-三体综合征，但它又碰巧发现了我孩子的另一个问题——第 9 号染色体倒位。因为某些原因，染色体的顶端部分落在了底部，本来应该在底部的那段染色体却被迁移到了顶部。所有遗传相关的信息都在那儿，但却倒了个儿。这就像把你的内衣放在了装袜子的抽屉里，把袜子放在了装内衣的抽屉里。你依然可以找到那些袜子和内衣，它们还排列得很整齐，只是没待在该待的地方。

据我所知，这是一种最常见的遗传错误。实验报告驳回了其相关性，专业的技术语言宽慰了我，用实验室的话来说就是"与临床方面不相关"。但我很快发现，这种染色体颠倒的报告会影响人的情绪：我女儿有一条染色体倒位了，我能不担心吗？更重要的是，我或者我的丈夫很可能有同样的染色体倒位，因为实验室的报告指出，这一颠倒多被认为是"正常的家族变体"。

为了消除我的恐惧，我选择了一条不怎么明智但又不得不走的道路，一条大多数人在面对不熟悉的、与健康相关的情况时会踏上的路：

我搜索了谷歌医生，找到了一项小型研究的进展，它说染色体倒位会增加精神分裂的风险。时至今日，当我的女儿奥利发脾气或者无理取闹的时候，虽然这在大多数学龄儿童中并不罕见，但我还是会特别紧张。

尽管如此，我并没有为这个吓人的遗传发现做好准备，无数遇到类似情况的父母也一样。然而，我们越来越依赖不断扩大的基因检测库，以期更了解孩子最基本的细胞水平，这种情况变得越来越普遍。我很高兴我知道了这一点，因为如果现在新的研究结果表明奥利这样的遗传错误和某种疾病有关，我就会密切关注这一研究，看看我能为此做点什么；如果可能的话，就可以降低她生病的风险了。多年来，我将关于奥利遗传异常的信息通通收集起来，把它们和我那爱玩网球、痴迷熊猫的小女儿联系在一起。我不能说每天甚至每周都能想到她的染色体异常，但这件事时不时就会从我脑海里蹦出来，有时候我会想："要是实验报告出错了呢？"

早在 2011 年，我就注意到基因检测在儿童健康中扮演着越来越重要的角色。那时，我一直在为《时代》杂志报道生育以及儿科相关的问题，还收到了来自美国儿科学会官方杂志《儿科》的电子邮件，邮件内容提到了一项有趣的研究。这项研究讨论了人们对让他们的孩子接受检测的渴望，这些检测超越了基因疾病日益增长的需求范畴，在全国各地医院进行的常规"新生儿筛查"也包括在内。这项研究很有意思：在一个大型实践健康计划中，有 219 名家长为自己检测了与 8 种相当普遍的成年发病风险相关的遗传变异：心脏病、高血压、高胆固醇、II 型糖尿病、骨质疏松症、结肠癌、皮肤癌和肺癌。在被问及他们是否愿意让自己未成年的孩子进行同样的检测时，父母们普遍认为这些检测的好处大于风险，因此都愿意让孩子接受检测。他们的兴趣似乎源于一个信念，即检测可以证明他们的孩子身体是非常棒的。

事实上，研究人员劝说过这些父母，告诉他们目前这些检测并未发现对健康有什么益处（事实上，没有孩子接受检测，研究人员只是想了解家长的意愿），但父母们却意志坚定。他们可能认为自己的孩子

（平均年龄也就 10 岁）会得到一个清楚的健康账单。然而，与父母被筛选的 8 种疾病相关的 15 种基因功能是如此广泛，以至于任何一个小孩都可能在这 8 个突变检测中呈阳性。

"什么？真的吗？!"我对科琳·麦克布莱德（Colleen McBride）惊叹道，她是该研究论文的第一作者、美国国立人类基因组研究所（NHGRI）社会和行为研究部门的负责人。直到那一刻，父母们，包括我在内，似乎都对基因在我们身体里低语或呼喊的事情貌似一无所知。然而，越来越多的基因检测正在被引入，越来越多的基因作为潜在的麻烦制造者被挑了出来。我们越来越了解我们的基因组、遗传密码，但与此同时，我们仍然对一些基础信息知之甚少。正如麦克布莱德在接受我们《时代周刊》杂志采访时描述的那样："他们（父母们）自我感觉越好，就越想接受检测。"事实上，这些父母也许会收到坏消息。他们孩子的基因都会有一些健康风险。那他们怎么办呢？

这个问题就是本书的核心。对基因的了解会使人强大还是会让人恐惧？父母们总是提心吊胆地等待着基因检测的结果，而对基因的了解是否会加剧他们已然过多的焦虑？它会让父母们更努力了解孩子的健康状况，用西兰花取代布朗尼，给孩子涂上大量的防晒霜吗？面对它，父母们是会被压力压倒，还是会变得更加老练？

没有迹象表明父母们对遗传信息的热情正在消退。事实上，2014 年的一项调查显示，绝大多数新晋父母对基因检测是支持的。在这项研究中，有 514 名家长在孩子出生后 48 小时内被询问是否有兴趣给孩子做基因组测序，愿不愿意破译孩子们的 DNA 密码并扫描出可能与疾病相关的错误。37% 的人说他们"有点"感兴趣，28% 的人表示"非常感兴趣"，18% 的人表示"特别感兴趣"，也就是说 83% 的人都愿意给孩子做测序。性别、种族、教育程度和收入水平等因素似乎并没有对父母的意愿造成影响：有五分之四的人认为，给他们的孩子做基因测序似乎是非常明智的。

即使是对很多事物都漠不关心的青少年也想参与进来。当 282 名辛辛那提的初中和高中生被问及是否想知道不会对他们的健康状况产生影响的基因检测结果时，83% 的人说："好啊，来吧。"

在科技世界里我们已经习惯于收集孩子们的数据。有一些应用程序可以追踪宝宝的睡眠情况，以及他会多久吃一次东西，他需要多久换一次尿布等。但是，计算基因突变远胜过追踪脏尿布的数量。

在这样一个人人被迫全天候与外界相联的信息时代，我们不再需要跑到书架前抽出一本大英百科全书来查找信息。在互联网的帮助下，我们自己就是百科全书。但是，所有这些信息也会令人不安。当我谈到我的工作时，我发现人们要么对知道的信息感到不知所措，要么对可以预测他们以及子孙后代的命运一事感到震惊。即使是那些在学术领域从事这项研究、把它从理论变成实践的科学家，也在犹豫是否要知道关于他们自己和他们所爱的人的基因信息。在这个国家最受欢迎的儿童医院里，我采访过的一位遗传专家曾自豪地说，他的基因组测序已经完成；另一位遗传专家的办公室离前者的不远，说句话彼此都能听得清楚，他直言不讳地批判这一趋势，认为这是妄自尊大，根本就是多此一举。

尽管人们的观点不同，但毫无疑问，遗传学正在重塑女性怀孕和所有人童年的历程。在此过程中，它改变了为人父母的经历。

∞ ∞ ∞

不久前，生孩子还是一件相当简单的事情。当一对夫妇决定生孩子的时候，他们就会扔掉避孕药。但是过去没有验孕棒可以让女性在家里测试，人们很难判断是否成功怀孕了。

第一代家用早孕检测试纸——一种每年被美国 400 万孕妇习惯使用的诊断工具，直到 20 世纪 70 年代才被开发出来。几个世纪之前，妇女们依靠各种各样的方法，包括所谓的"谷物测试"（这种方法还被认为有判定性别的额外功效），来检测怀孕与否。一张公元前1350年的埃及莎草纸解释了孕妇在小麦和大麦种子上撒尿验孕这一行为背后不那么科学的理论："如果大麦发芽，那怀的就是男孩。如果小麦发芽，那怀的就是个女孩。如果两个都不发芽，孩子就生不下来。"

1971年我母亲怀上了我，她是因例假没有按时来去看医生才知道的。她没有接受基因检测，也没有利用超声波看她即将到来的女儿在肚子里失重翻滚，她根本不知道我是男孩还是女孩。她不知道我能不能健康地长出10根手指头和10根脚趾头，更不用说是不是拥有正确的染色体数目了。她在等待，她对所有可能出错的事情都没怎么在意。

四十年时光匆匆而过，如今我们这一代人颇得信息助益，当我们想要小孩乃至为人父母时，我们对信息的渴望也是无以复加的。我们在一个陌生如同异国的世界里小心翼翼、蹒跚学步，争相购买与怀孕有关的书籍，并努力记住那些孩子成长的关键期。连相关术语的用词都是舶来品——妊娠剧吐是什么？相互咿呀又是什么？当我们仍努力在这个陌生的新地方站稳脚跟时，肚子里的细胞群就已经在接受检查了。

的确，孕妇第一次产前检查时就要卷起袖子让实验室的技术人员迅速抽几小瓶血液出来。不久之后，会有更多的测试——超声波和其他血液抽检，提取胎盘组织和羊水样本，由此获得的信息之深奥，在一代人甚至十年前科学家们都还无法理解。不仅如此，母亲肚子里的胎儿也要接受诸多测试。

在美国，父母带着新生儿离开医院之前就已经让孩子接受了新生儿筛查网站的"婴儿第一次测试"，当然，这不是要给婴儿做基础知识问答。这个第一次测试不怎么需要婴儿参与，只是会用针刺婴儿脚跟提取几滴血液。这些血液被涂在特制的滤纸上，然后送到州立实验室，在那里进行罕见遗传和代谢状况筛查，如果不提前检查出来，这些问题可能很快就会要了孩子们的命。

自 1963 年起，新生儿检查一直是公共健康的支柱。当时，马萨诸塞州成为第一个把筛检婴儿苯丙酮尿症（PKU）作为常规检查的州，苯丙酮尿症是一种遗传性代谢紊乱，如果不及时治疗会导致脑损伤。苯丙酮尿症之所以特殊，不是因为它比其他基因疾病更具破坏性，而是因为如果及早发现它是可以治愈的，而且微生物学家罗伯特·格思里（Robert Guthrie）已经开发出了一种廉价高效的检测方法。这一检测带动了其他遗传病检测的发展，而公众健康措施的初始检查项目也由苯丙酮尿症扩大到了十几种疾病的检查。

毫无疑问，新生儿筛查挽救了无数人的生命。每年，这类检查都能筛查出 5000 多名患有严重且通常致命的遗传疾病的婴儿。筛检呈阳性的婴儿会接受进一步检查以便确诊，检查结果被用于治疗时的参考。

新生儿筛查项目是政府资助的安全网，旨在确保新社会成员的健康发展。加州大学旧金山分校医学遗传学部门的前负责人罗伯特·努斯鲍姆（Robert Nussbaum）评价说："新生儿筛查享有特权地位，它比其他基因检测接受的审查要少一些。新生儿筛查是民众与政府之间的社会契约。"

这是一份许多父母都不知道的契约。尽管从技术上来讲，是否接受新生儿筛查是由自己决定的，但父母们往往不记得被征询过意见。在孩子出现症状前，检测出患病婴儿对成功生育至关重要，因此并没有特别征询父母的同意。大多数新生儿筛查是在出生后 24~48 小时内完成的，这段时间婴儿的酶和代谢水平还在可测量的、规定年龄范围之内；医院外出生的婴儿则由护士、助产士或儿科医生进行检测。"这种模式没有征得当事人同意。"娜塔莎·博诺姆（Natasha Bon-homme）说，她是"婴儿第一次测试"这个联邦政府资助的信息和教育资料交换所主任，该机构管理所有州新生儿筛查的信息和教育资料，由健康倡导组织遗传联盟（Genetic Alliance）监管，"人们都觉得这个检查非常重要，而当事人只管去做就对了。"

　　不断增加的产前、产后，甚至孕前检测则并非如此。选择的增加意味着父母在孩子第一次呼吸之前就要开始操心，开始为孩子做出选择。父母们被劝导不要听天由命，要尽早多做一些检测以掌握孩子的命运。

　　现在，大多数父母不仅提前知道育婴室该涂成什么颜色，而且技术还会告诉他们，他们那正在发育的细胞群是否患有唐氏综合征，或者是几年前尚无法被检测到的细小基因缺失。那些有可能增加患各种疾病风险的基因突变也可以被识别，考虑到这些状况，这些检测无疑就像双刃剑。比如，早发性老年痴呆症就不能治疗，要是没有什么治疗手段，知道有患上这种疾病的风险有什么好处呢？这种关于后代的信息交换通常发生在妊娠中期，甚至是在胚胎植入之前，而父母们面对前所未有的海量数据还不得不做出决定。拥有信息通常被认为是一件好事，尤其是在数字时代。但是信息有没有可能太多了？

∞　∞　∞

　　劳拉在曼哈顿市中心的一张检测桌上平躺着，裤子已脱下，上衣推上去，露出怀孕的肚子，银色的高帮鞋在昏暗的房间里显得格外闪亮，有多少家长像劳拉一样真的想知道孩子的未来呢？

　　劳拉33岁，来找哥伦比亚大学母胎医学部主任罗纳德·威普纳（Ronald Wapner）做绒膜绒毛取样（CVS）检查。威普纳会将一根针通过腹部刺入她的子宫收集足够的胎盘组织（胎盘组织的基因组成反映了胎儿的DNA状况），以确定她的孩子是否健康。威普纳套上透明的乳胶手套，轻拍并用聚维酮碘擦拭着她的肚子，赞美她闪闪发亮的鞋子，同时警告说，她即将感受到"一种非常奇怪的压迫感"。劳拉做了一个痛苦的表情。威普纳插入了穿刺针，几秒钟后，当他把针取出时，注射器里已经灌满了漂浮着白色斑点的清澈的粉红色液体。白色斑点是胎盘细胞，看起来像鹅绒，粉红色液体则是组织培养液。"这个过程再简单不过了。"威普纳对劳拉说。

没有人会说花几分钟时间接受绒膜绒毛取样检查令人愉快，但如果你想做这项检查，找发型狂野、魅力无穷的威普纳就对了。自 20 世纪 80 年代以来，早孕测试就问世了，正是威普纳把这项测试推向了主流，并且成为全美做此类手术最有经验的人。这项检测通常被用来诊断唐氏综合征和其他主要的染色体疾病，主要依据染色体组型或者染色体基数来判断。但在过去几年里，威普纳一直走在全美产科的前沿，致力于扩大这一技术的检测范围。2012 年在发表于《新英格兰医学》（New England Journal of Medicine）杂志上的一项关键研究中，威普纳展示了通过绒膜绒毛收集的组织也可以使用一种名为染色体微阵列分析的技术进行仔细研究。微阵列可以分析无数其他不明显的基因问题，如一小段 DNA 片段被添加到了不该去的地方或者丢失了，从而揭示出以前无法在产前检测到的基因小问题。其中一些变化是毫无意义的，另一些则可能与自闭症或罕见的疾病有关，比如迪乔治综合征（DiGeorge syndrome），表现为患有心脏病和有大约 25% 患上精神分裂症的风险。

诸如微阵列或胎儿基因组测序这样的检测非常灵敏，以至于对于检测结果没有人能完全理解，这是生殖遗传学的最前沿技术。"我们应该给胎儿做什么检测？"威普纳说，"我并不是在暗示它不好，但我们需要讨论一下我们要如何运用这种能力。这项技术太棒了。但是，获取信息越容易，我们就越有可能对自己所寻找的东西放松警惕。"

在过去几年里，随着基因检测的范围不断扩大，众多检测被转而用于孕检和其他领域，微阵列只是其中一种。在试管内受精时，结合更有针对性的分析，使得女性在试图怀孕前就可以清除不健康的胚胎，让父母们可以改写他们的家族病史：他们可以阻止某种遗传性疾病出现在家族中。在孕早期女性显怀之前，基于血液的测试可以确定唐氏综合征和其他主要的染色体错误，尽管阳性结果仍然需要通过羊膜腔穿刺术或绒膜绒毛取样进行确诊。基因组测序——DNA 分析的新黄金标准，揭示了一个孩子的遗传蓝图，从易感体质到疾病都展示得清清楚楚（对于那些因病而无法获得诊断的患儿来说，这项检查尤其有用，测序有助于解决医学上的难题）。

然而，告诉父母们这些基因发现有什么用呢？比如，在孩子六个月大的时候发现了一种增加阿尔茨海默病风险的基因，而这种基因可能在几十年内都没有影响。给一个一年级的孩子检测增加患乳腺癌风险的基因变异，像许多生物伦理学家说的一样，这种检测剥夺了她未来的种种可能，算不上是好的医疗方法，这样做的父母更算不上是好父母。

另一方面，不让父母知道这些信息，尤其是在一些新的预防性治疗措施必须在儿童期开始实施方显有效的情况下，是不是不道德呢？换句话说，如果你是家长或正打算生孩子，想象一下你有幸成了安吉丽娜·朱莉，会怎么样？ 2013 年她让乳腺癌的遗传易感性受到了广泛关注。这位女演员宣布在检测到 BRCA 基因突变阳性后，她就进行了预防性乳房切除术，因为 BRCA 基因突变会增加患乳腺癌和卵巢癌的风险。

朱莉有三个亲生的孩子，她一定想知道自己是否将基因变异遗传给了孩子。如果你是她，在你的女儿乳房甚至都没开始发育前，你会想知道她会因基因突变而面临更大的患乳腺癌的风险吗？

社会正在努力应对不断变化的局面：现有检测技术迅速被更新、更全面的版本取代，即使是专业的遗传咨询师也很难跟上步伐。就在劳拉进行绒膜绒毛取样检查之前，威普纳的遗传咨询师之一安娜·诺韦斯（Anna Norvez）说："检测的种类，哪怕是去年的和今年的都非常不一样。有太多不熟悉的地方了，但我们都已越来越适应这种不确定性。"如果你要提供这些检测，就必须适应这一点。

在隔壁的房间里，威普纳正在口述图表，他忍不住大声地说："你每天都要面对不确定的事情！"

上司的爆发并没有影响到诺韦斯。威普纳很容易情绪激动。尽管如此，他还是一个很好的老板；他对研究的投入让诺韦斯和她的同事们非常熟悉遗传学上的最新进展。而且他还很大方：几乎每天，威普纳都会给大家叫午餐——我在的那天吃的是那不勒斯比萨，都是威普纳买单。

"我知道。"她朝他喊了一句，又回头跟我说，"数据库更多了，所以我们更容易让家长了解胎儿的状况是好还是不好。显然，你还是不能完全确定。所以，要取决于病人对不确定性的承受能力。如果他们的承受力很低，他们可能会选择终止妊娠。如果他们有很高的承受力，他们可能会说：'我尽量不去想，但如果孩子有问题，至少我知道它可能是什么。'"

在绒膜绒毛取样手术之前，劳拉告诉诺韦斯，她的目标是让头脑放松，确信她的孩子是一个健康的孩子。她已是两个孩子的母亲，她第三次怀孕在18周时就流产了。她说："我想把这一切都搞定，确定我肚子里的孩子没问题。"

诺韦斯点了点头，说劳拉可以选择微阵列，这种检测会比她预想的更深入地窥视了解胎儿的DNA。劳拉对此感到不安。她告诉诺韦斯："作为一个病人，我觉得这样的信息或许让人难以招架。"

诺韦斯并没有试图说服她。"这就是有人选择不做的原因，"她说，"你说到点子上了。说到底，这取决于你对不确定性的承受力。如果我们发现了未知的东西，你能受得了吗？"

"你说的是哪种疾病？"劳拉问。

"我们会筛查和唐氏综合征一样严重或者更严重的东西，这就是为什么有些人会说，'做吧。'"诺韦斯解释说。

劳拉说："要是我得到的初步结果挺好，那我当时感觉会很好，可以好好睡觉了，但两三周后你又打来电话说这儿或那儿有轻微的偏差怎么办？这就是我担心的问题。"

和许多（大约十个咨询者里有四个）在诺韦斯那儿咨询过的女士一样，劳拉决定用有限的光谱核型分析而不是更全面的微阵列检测；不过，她的组织被保存了下来，以防她改变主意。

"如果你觉得对你来说知道得太多并不是一件坏事，"诺韦斯总结说，然后她又冷着脸幽默地说，"我们就喜欢用信息把人们压得喘不过气来。"

确实如此。更多的信息能启发人，也会迷惑人。如果孩子有特殊需要，它可以让父母早做准备。它也可以让女人在显怀之前终止妊娠。这本书并不提供正确或错误的答案，讲述的是一些极其个性化的和私人的考量。本书并不是在讲一个前景黯淡的故事，而是在审视不可思议的技术进步。知识终归是力量。我们有幸生活在这样一个时代，可以深入了解自己是谁，尽管我们需要小心翼翼，需要遗传咨询师（面临严重短缺）的建议。我们选择检测什么、放弃什么，以及基于检测结果做出何种选择都会对我们的社会结构产生深远的影响。

The Gene Machine 01

犹太人如何打败泰-萨克斯病

做好孕前筛查

2002 年在怀上儿子的时候，我还是北卡罗来纳州的一名调查记者，我的工作是专门报道一群县委委员守财奴，我靠向人提问谋生。得知自己怀孕后，我就要求给自己和丈夫进行基因检测。因为此前的那次怀孕——我的首次妊娠以迅速失败告终，这让我陷入了无尽的痛苦中。在第二次怀孕之前，我刚刚开始广撒网，研究我需要进行哪种基因检测。我是德系犹太人，家族来自东欧的一个小村庄。我明白，当孩子的父母都携带会导致泰 – 萨克斯病（Tay-Sachs）的 15 号染色体基因缺陷时，这种疾病对孩子的伤害有多大！这个致命的神经系统疾病会夺走病儿的视力，使其无法说话也无法运动。泰 – 萨克斯病是一种常染色体隐性遗传病，这意味着每一对有这种基因缺陷的夫妇所生的孩子，有 25% 的概率不会被遗传，有 50% 的概率像他们的父母一样成为携带者，有 25% 的可能会患上这种疾病。相比其他人，德系犹太人成为携带者的概率更高——这类人自己身体健康，但如果在怀孕期间与伴侣的基因突变相结合，可能会引发致命的基因突变。在美国，每 27 个德系犹太人中就有一个是这种基因缺陷的携带者，而在普通人中，这个比例是 1/250。当我遇到我现在的丈夫时，他已经参与了希勒尔大学的一个改变计划，接受了检测，这个组织专门为犹太大学生提供服务。因为他的结果呈阴性，所以我的产科医生说我们不会受泰－萨克斯病的影响。但我的研究表明，仍有很多其他的事情需要担心。

比如在纽约，犹太基因疾病的认知度与犹太人口的密度息息相关，与我有着相同族源的女性，也就是那些俄罗斯、德国、波兰的农民、农场主和纽扣商人的后代，她们需要检测全部的、东欧犹太人后裔患病概率更高的疾病项目。

基因检测是否真的与地理坐标具有相关性？在南方，犹太人是极少数，犹太裔母亲生一个罹患致命疾病的孩子的风险会比在曼哈顿的犹太裔母亲要高。在曼哈顿，犹太人众多，是社群根基的重要部分，所以犹太基因疾病协会和犹太基因健康项目组都设在该市。我不打算做实验——我想要做完整的检测，而不仅仅是检测那 12 种对我的种族有很大风险的疾病。

我找到了一位遗传咨询师，在我挖掘自己基因里隐藏着的秘密的征途上，她是我的合作伙伴。在多次向美国卫生和公众服务部咨询后，我在附近的一家医院找到了她。当我分享了找到她办公室之前我所经历的官僚主义混乱时，她变得乐不可支，但并不感到意外。她向我保证，在我想要再次怀孕之前，对遗传健康状况进行筛查——筛查我自己的基因，是一件负责任的事情。在这位遗传咨询师的帮助下，我成功地将她推荐的这一基因检测项目走了保险（她建议我先去接受筛查；如果我在检测某项疾病时呈阳性，那么我的丈夫也应该接受同样的疾病检测）。我不得不去一个独立实验室提取自己的血液样本，之后血液样本再被空运到得克萨斯州的一个实验室进行分析。2002 年，一个南部的犹太女孩必须得花一番功夫，才能从她的 DNA 中窥视到风险的标记。最后，我的报告结果显示没有风险。

十多年后回头看，我那时的努力看起来似乎难以理解。当时有些女性仍然不知道自己面临的风险和选择，或者不知道她们要在怀孕之前或怀孕早期进行基因检测，但实际进行检测却很难，不是想做就能做——现在许多女性一旦想要做检测，就要努力理解那些越来越多的检测。这场革命的第一个阶段是携带者筛查。许多公司和实验室都意识到了这个机会，正倡导用新的、有效的方法来对美国所有的孕妇进行检测。对这些公司进行的市场营销，许多医生纷纷响应，他们接受了这种方法，针对所有刚怀孕的妇女提供 100 多种严重疾病的携带者身份检测。埃默里大学甚至声称，它的全套检查可以作为现代人送给挚爱的准妈妈的礼物。但仅仅因为我们现在可以筛查更多的疾病了，我们就该这样做吗？

现在还存在着许多复杂的因素：功能更强大的测试相比传统的测试方法可以发现更多的基因突变。有的基因突变或者说是基因的变化可能不同寻常，医生往往没有足够多的信息去衡量它们的严重程度。因此，与其说这些信息有解释作用，还不如说它们可能会混淆视听。

Gene by Gene 公司已经推出了一项针对 250 多种疾病的检查。"在任何一个基因市场，都会有人对如此海量的信息表示怀疑。"Gene by Gene 公司临床和研究服务部的主管帕特里克·米勒（Patrick Miller）在 2014 年说道，"我们将会超越极限，但我们相信真正的全面检测的力量。"

许多可以被检测到的疾病名称都十分拗口，如天冬氨酰葡糖胺尿症（aspartylglucosaminuria）或致密性成骨不全症（pycnodysostosis）。有一些疾病十分罕见，执业几十年的医生甚至都可能不曾遇到过，但当这些疾病真的发生时，破坏性一点都不小。"如果你就是那个小孩的的家长，你每天都要照顾有慢性病或不治之症的孩子，那个病就不再罕见了。"位于旧金山的 Counsyl 公司女性健康部门的主任席瓦妮·纳萨雷特（Shivani Nazaret）如是说。Counsyl 是一家携带者筛查公司，该公司正大力推广"通行的"携带者筛查概念。这完全就是字面上的意思：一种筛查一切的愿景——无论来自何方，无论是怀孕前还是孕早期，所有准父母都要接受检查，筛查同样的疾病。自 2009 年以来，已经有超过 60 万人在 Counsyl 接受了筛查，其中至少有 1/4 的接受筛查者被发现是某种基因疾病的携带者。在美国，Counsyl 筛查的夫妇中，只有 2% 多一点的夫妇二人都被认定为是同一种疾病的携带者，这意味着他们面临怀上患病子女的风险。

∞ ∞ ∞

要理解基因和疾病之间的相关性，就必须了解什么是基因。我们的基因组，就是我们的遗传密码，是由 DNA（脱氧核糖核酸）组成的。DNA 是生命的组成部分，但像下面这样理解会更容易：它是一份操作指南、一套装配和操作生活的指令。几乎每一个细胞的细胞核中都有两个悬浮的分子（红细胞没有细胞核），DNA 是遗传信息的载体。

DNA 字母表里有四个字母——A、T、C 和 G，是四个不同分子的缩写：腺嘌呤（adenine）、胸腺嘧啶（thymine）、胞嘧啶（cytosine）和鸟嘌呤（guanine）。这四个分子被称为核苷酸，它们按序列串在一起，就像项链上的养殖珍珠一样。人体 DNA 中核苷酸的排序方式造就了一个个独特的个体；这种顺序或序列指挥着身体进行运转。和任何字母表一样，字母组合在一起构成单词，单词再被连接在一起构成句子，正是这些句子构成了被我们称为基因的指令。基因包含蓝图或编码，用于制造蛋白质。蛋白质是我们细胞中的主要操作细胞，它们为我们提供动力。不同的蛋白质有不同的作用：它们执行功能命令，赋予我们组织和器官结构。有些蛋白质负责运输氧气，另一些帮助我们感觉到光线进入视野；还有一些被称为酶的蛋白质，校准了许多维持我们身体正常运转的关键化学反应。

我们的基因被捆绑在染色体上。华盛顿大学儿科遗传医学部主任迈克·班夏德（Mike Bamshad）建议我们把 DNA 看作一套百科全书，

46 条染色体中的每一条染色体代表一个单独的卷。但是，这些卷不是静态地、笨重地躺在架子上积灰：它们是动态的、变化的、可变形的——根据来自我们身体和环境的各种输入变化而变化。我们的身体通过制造新的细胞来生长，每个细胞准备分裂成两个细胞时，细胞中的 DNA 有 6 英尺^① 长且两端被拉长，它必须自我复制。在复制过程中不可避免会发生错误。令人惊奇的是，我们的细胞能够检测和修复多种类型的错误。我们的身体是机器效率的典范，能够不断地解决问题，将不匹配的 A、T、C 和 G 重新组合在一起，把磨损的 DNA 链缝合在一起。但是，检测和修复突变的分子机制并不完美，有时就像一个昏昏欲睡的校对者，让错误悄悄溜走。通常情况下，这些变化并不重要。但有时这些错误（也被称为突变、变异或变体）十分严重，甚至能导致出生缺陷或癌症。基因检测正是用来侦查这些错误的。

携带者筛查的重点是单一基因突变，这很容易找到，因为它们对单个基因有影响。Counsyl 公司筛查的 100 多种疾病中，有许多会导致出生缺陷、智力障碍和寿命缩短。有些病如果发现得早可以诊治，另外一些病则是没有治疗方法的致命绝症。其中有几种疾病在犹太社群中更为常见，但即便如此，非犹太人也会患上所谓的犹太疾病。全世界每出生 280 个婴儿，就有一个婴儿的遗传病可以通过携带者筛查发现，使得这些隐性疾病总体上比唐氏综合征更为常见。

Counsyl 公司认为自己首先是一家科技公司。它的实验室主要由该公司的自动化实验室主管凯尔·拉帕姆（Kyle Lapham）制造的机器人以及一个工程师团队组成并运行。在传统的实验室里，穿白大褂的技术人员在各个站点间来回穿梭，提取 DNA，并将它从一个试管移到另一个试管。检测每个基因都遵循着同样的步骤，这与世界各地的实验室的方法一致。而在 Counsyl 公司的实验室，机器人做了很多工作。"这是未来实验室的发展趋势。"纳萨雷特说。

---

① 1 英尺 ≈ 30.48 厘米。——译者注

拉帕姆说："当我们参照其他公司、学习运行之道时，我们会看亚马逊或谷歌，而不是实验室公司（LabCorp）。"2016年初，在我参观他们公司时，拉帕姆向我展示了他的玩具。其中一个是汽车制造中常用的机械臂，它拿起托盘——里面是即将被装进离心机的血样，平稳地旋转到左边，然后把它运送的货物放到另一个联网的机器人那里。拉帕姆的很多用来创作新品的部件都是他自己用3D打印机打印出来的。当这种机械手臂不够快的时候，拉帕姆和他的团队就制造出了一个更快的，并申请了一项专利。如今他们每天会输送超过1000管的血液，每根试管的每一步流程都会以视频方式记录下来。

"他其实从家里就可以观察到这一切。"纳萨雷特说。

"你会这样做吗？"我问。拉帕姆摇了摇头。

尽管强调机器人技术，但人员才是Counsyl公司工作的核心。这个实验室有一个由科学家和遗传顾问组成的团队，在筛选该公司业务涵盖的100多种疾病时，会深思熟虑，决定该选择哪些。在大多数情况下，只有检测率高同时有治疗或者治愈方法的严重疾病才能通过。拉帕姆说："我们每天的工作都是为了确定更多的携带者夫妇。"

和许多公司一样，Counsyl试图通过像临终关怀护士布列塔尼·马多尔（Brittany Madore）这一类客户的个人故事，来阐释其产品价值。她照顾临终病人的经历并没有让她在失去4个月大的儿子时稍微好受些。她照顾的病人所生的疾病很少能被预防，她儿子的病情则不一样。

马多尔的儿子沙利文（Sullivan）在接近预产期的时候出生，从怀孕到生下儿子，马多尔都没有受太大的罪。丈夫负责接生，他们8岁的女儿剪断了弟弟的脐带。

沙利文睡觉很踏实，在喂奶问题上也不让父母头疼。但在他一个月大的时候，马多尔开始注意到，沙利文不能像大多数婴儿那样抬起头，也不会蹬腿。他的哭声总是很小，而不是像那些典型的新生儿一样，哭起来像四级火警铃作响。6周后，当马多尔带着沙利文去看儿科医生的时候，他就像玩具"娃娃"一般——不管把他摆成什么姿势，他都会继续保持那个姿势不变。

出于担心，医生让这家人去了儿科神经学家那里。在出发前夜，马多尔上网搜索了相关信息，她搜索了整整两个小时，发现沙利文的症状与脊髓肌肉萎缩症（SMA）相匹配，这种病会导致肌肉萎缩，在最坏的情况下，孩子可能活不过婴儿期。

马多尔在 Counsyl 公司运营维护的一个博客讲述了自己的经历，让大家了解了技术背后的这群人：

去神经学家办公室的路上，我内心非常煎熬。我知道我们会得到什么样的结果，眼睁睁地看着你最怕的噩梦成真，这种感觉非常糟糕。神经学家对他进行了大约 30 秒的检查，并问我们是否在网上找到了相关信息。我握着孩子的手，埋头在他旁边的检查桌里，忍住眼泪，试着慢慢地发出声音，我说："脊髓……肌肉……萎缩。"她的回答很简单，我永远都不会忘记她声音里透露出的抗拒和悲伤。她长叹一声，轻声说道："是的。"我立刻哭了起来，整个上午都在强忍着的眼泪哗哗落下。我不再需要任何其他信息了。我知道她刚刚为我漂亮的 49 天的儿子做出了临终诊断，她的预期是 4~8 周。

尽管脊髓肌肉萎缩症是婴幼儿的主要基因杀手，但许多人从未听说过这种疾病。马多尔和她的母亲都是护士，她们也从未听说过这种病。马多尔的产科医生和家庭医生也都没听说过。然而，每五十个美国人中就有一个是脊髓肌肉萎缩症的携带者，这意味着尽管他们本身很健康，却有可能把疾病遗传给自己的孩子。2013 年 2 月，4 个月大的沙利文离开了人世。脊髓肌肉萎缩症是一种可以预防的死刑判决，如果对父母进行基因筛查，检测引发这种疾病的基因突变，就可以赶走笼罩在家族头顶上的死亡阴影。

你可能还记得高中的科学课上说过，每个人都有两套基因拷贝，一套来自母亲，一套来自父亲。当一个基因的两份拷贝都被改变或发生突变时，像脊髓肌肉萎缩症这样的隐性疾病就会发生。如果只有一份拷贝有变化，那这个人就是携带者，通常没有任何症状。

突变可以是变好、变坏，抑或是无关紧要。你可以把突变和错别字比较一下。要看变异这个基因的错别字出现在哪里，可能会让这句话变得不可理解。想想这个句子——"我很聪明（intelligent）。"如果隔一个字母去掉"intelligent"的一个字母，这个单词就难以辨认了。另一方面，如果你只漏掉了第二个"l"，它几乎不会妨碍你的理解；读者只会自行补全单词，并假设原作者只是没有做好拼写检查。同样地，一些DNA错误也不能明显地影响遗传密码的"阅读"。

好消息是，许多被修复机制漏掉的突变并没有什么实际影响。但其中一些突变将基因密码的关键部分变成了胡话——乱码指令，这个指令如果实施的话，将会导致发育和功能的异常。如果这样的错误没有被修正，并且它存在于重要的卵子或精子细胞中时，基因的改变就会被遗传给孩子，前提是改变的卵子或精子最终会孕育出婴儿。这些遗传突变被称为生殖系突变，因为它们来自卵子或精子细胞，卵子或精子细胞也称为生殖细胞。带有生殖系突变的孩子其每一个细胞中都有这种突变。能被携带者筛查出的隐性疾病，其魔爪可能会悄无声息地伸向几代人。通常，最初的突变发生在祖先的一个卵子或精子中，并成为他们子女的、他们子女后代的，甚至是他们未来后代的遗传蓝图的一部分。这种变异一般不会有什么影响，直到这类携带者和另一个携带者结合后，才会出现问题。

由于环境暴露或细胞分裂期间的错误，可能会出现其他突变。这些突变被称为体细胞突变，或者获取性突变，它们不会被遗传给后代。最后，还有另外一类——新发现的、非遗传自父母的基因突变，被分类为"de novo"，它在拉丁语中的意思是"重新"或者自发产生。de novo突变可能发生在精子或卵细胞的形成过程中，或者是新受精的卵子中。如果在精子或卵细胞中出现这种新的突变，它可能会传给下一代，从而开始一轮新的遗传链（随着男性年龄的增长，他们的精子细胞发生新突变的概率也会增加）。如果在新受精的卵子中发生了新的突变，它就会合并到所产生的胚胎的每个细胞中，包括生殖细胞，并且在未来遗传给后代。

每个人都有突变，多的可能高达几百个。事实上，在 2012 年，英国剑桥的康维基金会桑格研究所的科学家们分析了来自美国、日本、中国和尼日利亚的 179 个人的基因组。他们发现，平均每个人的基因（gene），或者"吉娜"（Gina）——有大约 400 个错误。科学家们认为其中大部分是无害的，但每人有两个基因错误均被归类为"良性"疾病突变。随着通过分析 DNA 的四个字母的顺序或序列，从而扫描整个人体 DNA 的测序技术的日益精确，这一数字只会越来越大。

各种诱因和因素会影响疾病的发展，家族疾病史是其中之一，但人们越来越意识到，环境在其中扮演着重要的角色，如吸烟、接触有害化学物质、太阳辐射都可能导致疾病。遗传和环境之间的相互作用，说明了基因组中包含的信息不只非黑即白那么简单。它是不确定的，处于灰色地带，是一种模糊的光谱。有时，疾病的起因可以追溯到单个基因，但更常见的是，就像成年型糖尿病一样，疾病可能是多种基因与不良生活方式共同作用的结果。我们现在还无法用一个人的基因组来筛查这些所谓的复杂疾病。而由第 21 条染色体的第三个拷贝引起的唐氏综合征，通常是不遗传的。

尽管如此，尽全力去检测岂不是会好一点？尤其是许多由父母检测出的遗传疾病都十分严重，甚至可能是致命的。每个父母都想要一个健康的孩子：我们现在有能力防止许多遗传疾病代代相传。但是，尽管已有质优价廉的新技术，以及对该技术普遍使用的日益广泛的宣传，综合携带者筛查还未纳入孕前 / 孕期常规检查程序。

我们生活在一个提倡预防的时代。我们锻炼、吃蔬菜，因为这对我们有好处。毕竟，在长肉之前就控制要比疯狂甩肉容易。同样地，当涉及后代的时候，是否发现和预防比处理事后的问题更有效，是否解决前端的潜在问题比面对后面的问题更简单？

尽管面临挑战，尽管医疗群体面对变化时步伐往往如蜗牛般缓慢，但识别一对夫妇在传递遗传疾病上的风险（虽然风险仍然是理论的，但在怀孕前人们只需在堕胎或者生一个可能患有严重疾病的孩子中进行选择）是人们可以从遗传技术的进步中获益的最明显方式了。然而，携带者筛查很难获得，就像我在 2002 年生第一个孩子和马多尔在 2013 年沙列文去世后的经历一样。

马多尔想接受检测，为未来怀孕做准备，但她在家乡缅因州找不到能提供扩展性携带者筛查的医生。她不得不去新罕布什尔州，因为她觉得自己可以在那里接受检查，但医生认为她不需要做检测，拒绝为她进行安排。她坚持不懈，直到找到了一个同情她遭遇的执业护士。检测结果表明，马多尔和沙利文的父亲都是脊髓肌肉萎缩症的携带者，同时他还是另外四种疾病的携带者。沙利文去世后，马多尔再次怀孕，却流产了，最后她和沙利文的父亲分手了。她说："他真的很害怕再生一个患脊髓肌肉萎缩症的孩子。我认为每个人都应该接受检测。我不知道我的家族疾病史。我不认识我的父亲，所以我缺失了一半的历史。我可能是犹太人。我不知道。"

∞ ∞ ∞

要想象在未来做携带者筛查的情况，了解其发展历史是很有帮助的。1970 年，迈克尔·卡贝克（Michael Kaback）是约翰·霍普金斯大学的一名年轻的儿科遗传学家，在他的实习生涯中，他和两个家庭关系很密切。哈罗德和贝拉·格秀维茨（Harold and Bayla Gershowitz）夫妇有一个正蹒跚学步的儿子，他患有泰－萨克斯病。卡贝克帮格秀维茨夫妇找到了看护。另一对夫妇——鲍勃·蔡格（Bob Zeiger）和凯伦·蔡格（Karen Zeiger）也有一个不到一岁的儿子迈克尔。鲍勃·蔡格在霍普金斯大学的儿科做实习生，他在卡贝克的遗传学部门工作了一段时间，并去卡贝克家里吃过晚饭。迈克尔似乎有些发育迟滞，蔡格让卡贝克为其进行检查。卡贝克非常不情愿地告诉蔡格，孩子患有泰－萨克斯病。卡贝克说："这是一种毁灭性的疾病，对还是一名年轻医生的我影响很大。"78岁的卡贝克说，如今，他已从加州大学圣地亚哥分校的加州大学医学院退休。

泰－萨克斯病是一种隐形疾病。患有这种疾病的新生儿在他们生命的最初几个月里发育完全正常，做着自耕农一般的工作：神经元迅速发育、颈部和核心肌肉增强、眼睛开始探索世界这块画布。但6个月后，如果他们之前能坐起来，以后也无法坐起来了。大约10个月左右，他们的眼神开始涣散，身体不断抽搐，每天都在走下坡路，并失去视力。第18个月，他们几乎处于一种慢性植物人的状态，无法做任何事情。卡贝克说："看着一个孩子日渐恶化，却无能为力，这太恐怖了。"

当迈克尔被确诊时，凯伦已经怀了第二个孩子，处于孕晚期。卡贝克工作部门的主席认为蔡格应该做个羊膜腔穿刺术，看看胎儿是否患有泰－萨克斯病，但卡贝克不同意，认为应该等到婴儿出生。"我担心的是，如果凯伦发现她的第二个孩子也有泰－萨克斯病，她可能会跳楼。"

经过慎重考虑，这对夫妇决定不做羊膜腔穿刺术。相反，他们决定等到婴儿出生并被宣布为健康后才会去探视。他们不能承受照顾两个垂死的孩子的重担。如果他们的第二个孩子也患有泰－萨克斯病，他们会把新生儿送去家庭护理机构或寄养家庭。他们永远不会再把目光投向自己的孩子。卡贝克回忆说，这是一个痛苦的决定，是出于情感的自我保护，这让他陷入了两难的境地。在当时，只有在子宫内或婴儿出现症状时才可以检测到泰－萨克斯病。是否能为无症状的新生儿诊断出这种疾病尚不清楚。这也许可行，但以前从未这样做过。卡贝克和蔡格一家关系密切，他知道自己别无选择，只能竭尽全力。

他开始收集健康新生儿的脐带血，建立一个对照组的样本，这样他就可以将他们与患泰－萨克斯病婴儿的血液样本进行比较。此外，卡贝克找到了加州大学圣地亚哥分校的约翰·奥布莱恩（John

O'Brien），奥布莱恩在 1969 年发现泰 - 萨克斯病之所以猖獗，是由于一种酶的缺失；还有美国国立卫生研究院（NIH）的埃德温·克洛德尼（Edwin Kolodny），克洛德尼帮助确定了泰 - 萨克斯病背后的基因成因。他告诉他们，在蔡格的孩子出生之前，他会给他们送去控制样本；在孩子出生后，他很快就会把新生儿的脐带血给他们。三位科学家身处各地，却一起努力，试着得出诊断。

凯伦怀孕的最后几周一晃而过。当她生下一个女孩的时候，卡贝克也在房间里。孩子出生的那一刻通常带有超凡性，但这一次却不一样。卡贝克回忆说当时凯伦和鲍勃都捂着眼睛，他们不想知道孩子的性别，他们想要远离自己的孩子，直到他们知道自己的这个孩子是否和大儿子有着一样的命运。卡贝克收集了脐带血样本，飞奔回实验室，当时是下午 2 点。他把样本分成三份——奥布莱恩一份、克洛德尼一份、他自己一份，当时是下午 4 点。从友谊机场（现在是巴尔的摩–华盛顿国际机场）有一趟直飞圣地亚哥的航班，它在卡贝克巴尔的摩的实验室和华盛顿特区之间，时间还早，但非乘客人员想要进入机场航站楼简直不可能。卡贝克冲到飞往圣地亚哥的航班的大门口，并把小心放在干冰里的宝宝血液样本给了空乘。

"我说，'有个孩子的生命危在旦夕，同时会有一个非常英俊的医生在圣地亚哥等你。你愿意把这个带给他吗？''当然。'她回答说。"

卡贝克打电话给奥布莱恩，告诉他在对面的海岸上等飞机，接着他自己直接驱车前往华盛顿，给美国国立卫生研究院的克洛德尼送去了第二个样本。

婴儿的血液是检测泰 - 萨克斯病的关键，即使是对一个从各方面来看都非常健康的新生儿也是如此。泰 - 萨克斯病是机体内己糖脱氨酶 A（Hex- A）功能异常引起的，这种酶主要作用是在神经系统中分解脂肪类物质。没有它，脂肪类物质就不会分解，它们就会在神经细胞中不断累积。这会导致中枢神经系统崩溃，实际情况远比理论上糟糕得多。孩子们会完全丧失能力，通常在上幼儿园前就会死去。

1970 年还不可能对婴儿进行基因组测序。卡贝克只能做酶是否存在的试验。如果孩子没有机体内己糖脱氨酶 A，她就有泰 - 萨克斯病。

在凯伦生孩子的那天，卡贝克在霍普金斯大学的实验室里工作到很晚，一遍又一遍地做机体内己糖脱氨酶 A 的测试。午夜时分，鲍勃来了。"鲍勃走过来，拉了把椅子。"卡贝克说，"他现在就像我的兄弟。他知道他的孩子和家庭全靠我做的实验了。"

时钟滴答滴答地走到凌晨两点。卡贝克已经进行了八次机体内己糖脱氨酶 A 的测试，用了三种不同的方式来确定。每次测试结果都显示了高水平的酶，令人安心。卡贝克拿起电话打给奥布莱恩，奥布莱恩在加州的晚餐时间等到了飞机。在圣地亚哥的奥布莱恩和美国国立卫生研究院的克洛德尼都取得了类似的结果。卡贝克说："每个人都使用了不同的方法，发现了大量的机体内己糖脱氨酶 A。"三位研究人员得出了结论，这个婴儿没有泰 - 萨克斯病。

鲍勃拥抱了卡贝克。他和凯伦仍然要承受失去他们的第一个孩子的痛苦：迈克尔活不过 3 岁。但是他们的新生儿——名叫乔安娜的女儿，多年后取得了遗传咨询硕士学位和遗传流行病学博士学位，并在 2000 年奥运会的三项全能比赛中名列第四。此时，两个医生一起走到约翰·霍普金斯医院的尽头。鲍勃去了凯伦的产科病房，告诉了她这个好消息。这时是上午五点半。就像命运的安排一样，鲍勃被转到婴儿室去做实习生，所以当乔安娜出生的时候，她在儿科病房里被照顾得很好。凯伦从床上爬起来，和鲍勃一起去了儿科病房，在那里他们第一次拥抱了自己健康的女儿。

卡贝克到了家里，想厘清刚刚所得结果的分量。在洗澡的时候，他回想了以往的一系列事件：他和蔡格一家的关系，他为他们的儿子做出的令人极度痛苦的诊断，他忐忑不安地诊断他们的女儿是否患有同样的疾病。我们可以通过测量携带者血液中的机体内己糖脱氨酶 A

的水平来发现携带者。约翰·奥布莱恩已经证明了这一点（携带者有中等程度的机体内己糖脱氨酶 A 水平；从 1 到 100 的范围，如果水平达到 100 是非携带者，1 到 5 等同于确诊，25 到 45 就会确认携带者的身份）。通过羊膜腔穿刺术可以检测到患病的胎儿。如果在怀孕之前就能识别出携带者，父母知情后就可以决定是否要生孩子。他们有控制权。

在德系犹太人中想要找到携带者是一项非常艰巨的任务，此前从未有过先例。没有人会对整个族群进行基因检测。卡贝克说："没有针对整个族群进行的携带者筛查。"九层之台，起于累土，要创建一个框架，必须从根基着手。卡贝克决定将毕生精力投入到为犹太社群建立基于整个族群的携带者筛查工作中。这项任务需要大量的资金、时间和教育投入。卡贝克说："大多数执业医生从未听说过泰 - 萨克斯病。罗森女士在听到筛查后的第一反应是拿起电话，打给她的医生，医生却说，'这些住在象牙塔里的疯子在说什么？'"

华盛顿的哈罗德·格秀维茨的孩子患有泰 - 萨克斯病，他召集了朋友和同事们前来开会。卡贝克展示了自己的幻灯片，描述基因突变的犹太人来自世界何处，以及为什么有可能通过识别突变的携带者来阻止这一疾病杀手。他还用幻灯片展示了格秀维茨的儿子史蒂文的发育和衰竭情况。

"我们知道我们需要打印些科普小册子。"卡贝克说。这项工作也需要物资、设备和人员。"哈罗德说他会筹集资金。我展示完幻灯片就走了，那天晚上，哈罗德打电话给我，说他已经筹集了 85 000 美元。"

该计划的目的是争取犹太社群的支持，建立一些基础设施，在犹太会堂和社群中心进行筛查。作为一个世俗犹太人，卡贝克获得了巴尔的摩地区拉比的支持。新闻发布会已经安排好了，消息传出去了，人们开始打电话，急切地想要注册。1971 年，乔安娜·蔡格出生后一年，有 1.1 万人接受了检测。一个下雨的星期天下午，卡贝克他们在美国马里兰州的一个犹太教堂举行了首次筛查活动。15 名医生自愿抽血，在每一个站点都有一个"创可贴女士"，她们负责把每个病人的伤口包扎起来。1800人到场接受了筛查，卡贝克为此欣喜若狂。卡贝克说："这就像你写了一首交响乐，却从来没有听过演奏，然后突然之间，它被完美地演奏了出来。"

关于这一雄心勃勃计划的消息传开了。来自加拿大、英国、墨西哥的医生们都前来观摩学习，之后返回自己的祖国设立类似的项目。澳大利亚、南非、南美和欧盟都设立了筛查项目。卡贝克被邀请至许多国家提供建议，其中就包括以色列。这个犹太人国家急需一种系统的方式为那些准父母进行筛查。奥布莱恩的机体内已糖脱氨酶A血液检测进行了修改和自动化，这让短时间内准确地筛查大量人口成为可能。

然而反对声音来自一个意想不到的群体：犹太社群本身。有一个帮助组织巴尔的摩第一次筛查活动的犹太妇女组织叫哈达莎，她们的一位代表写了一篇文章，表达了自己的担忧，称泰－萨克斯病的筛查项目是对犹太人的侮辱，让他们头顶笼罩了"坏基因"的幽灵。接下来，美国国立卫生研究院召开了一次会议，其中包括研究院主任、卡贝克和犹太社群的成员。卡贝克说明了筛查不是优生学作派，也不是给人口贴标签，而是想提供更多的信息。他说："这并不是关于人口的限制，这关乎生出健康的孩子。"筛查项目得以继续进行。

从第一个在巴尔的摩一家医院里降生的婴儿，到现在这一筛查项目已经发展了近五十年，成为草根组织、公共教育、医生支持、遗传咨询和遗传技术相结合的模板，这一模板几乎可以将一种疾病消灭在一个族群中。从乔安娜·蔡格出生那年到2010年，已经有超过5万名携带者被识别，其中包括1 500多对夫妇。到2006年，卡贝克退休时，已经记录了有700个泰－萨克斯病的妊娠与产前诊断相匹配时选择了终止妊娠。"最重要的是，这些有风险的夫妇诞下了超过2800名健康的不受泰－萨克斯病影响的后代，其中一些孩子此前可能不会出生在这样的家庭。"卡贝克在一篇关于在波斯犹太人社区开展疾病筛选试点项目的文章中写道，该项目借鉴的是泰－萨克斯病的预防模式。

的确，道德上的考虑是微不足道的，而且相当容易被迅速消解掉：几乎没有人会认为，把生命短暂且要承受不可阻挡的衰退和死亡的孩子带到这个世界上是一件好事。

携带者筛查的成功取决于它的认知度。在美国和加拿大的犹太社群中，筛查项目已经使泰－萨克斯病的发病率降低了95%。但是在包括法裔加拿大人和路易斯安那州的印第安人在内的其他社群里，仍有一定的携带者率，且筛查的重要性并没有被普及。爱尔兰裔也面临着与日俱增的泰－萨克斯病风险。尽管在犹太人中，由于警惕、奉献和教育的结合，犹太人的泰－萨克斯病的比率已经大大降低了，但其他族群的婴儿仍然会得这种可怕的疾病。对每个孕妇，或者理想情况下怀孕前妇女进行筛查，是否可以解决这一问题？

作为一种疾病，泰－萨克斯病达到了重大的筛查活动的临界标准：它十分严重，在某个族群中可以查出，但无法进行治疗。做个简单、准确、相对廉价的携带者测试，就能让父母知道他们怀上病儿的风险。使用产前诊断可以确诊疾病，如果愿意的话，可以选择堕胎来阻止分娩。但是，即使是让泰－萨克斯病成为首个被广泛检测的基因疾病的卡贝克，也不能确定扩大筛查范围以检测更多疾病是有意义的。

1991 年，作为美国人类遗传学协会的主席，卡贝克对囊性纤维化的普遍筛查进行了抵制，囊性纤维化会给生活造成诸多不便，但在童年时通常不会致命。"当时，我们有了一个新出炉的筛查测验，主要突变才刚刚被识别，人们马上就在谈论大批量检查了。"卡贝克说。他主张在检测结果明了之前，在科学家们进一步研究一种特定的突变是否与症状的严重程度有关之前，人们需要耐心等待。"我们会因为胎儿成人后不能跑马拉松，就放弃胎儿吗？"卡贝克说，"这牵扯到了复杂的生活质量问题。"他引用戈谢病作为进一步参考。它是一项针对犹太基因疾病的广泛检测的一部分，这些疾病通常被推荐给主要大城市的犹太妇女，原因很明显：戈谢病 1 型（有三种亚型）远比泰 – 萨克斯病更常见。450 个德系犹太人中大约有 1 个会患病，在这个社群中，携带率高达 1/10。然而，戈谢 1 型也就是可能会导致疲劳、贫血、瘀伤、出血和严重的骨痛，其严重程度远没有达到泰 – 萨克斯病的程度。"戈谢病不应纳入筛查范围，"卡贝克说，"它的症状是温和的，五十岁之前可能都不会出现症状。"德系犹太人产生最初症状（臀部疼痛或轻微擦伤）的平均年龄是 40 岁。筛查一种不会致命的疾病正确吗？

犹太人社群对泰 – 萨克斯病的反应可能是一个公共健康的成功故事，然而这一成功对携带者筛查标准化的推进几乎没有影响，甚至在犹太人中也没有。关于犹太人集中的大都市地区的推荐检测项目，不同专业机构提供的基因检测指南千差万别。美国妇产科医师学会（ACOG）建议，德系犹太人应接受泰 – 萨克斯病、卡纳万病、囊性纤维化和家族性自主神经异常的筛查，而美国医学遗传学和基因组学学院（ACMG）则增加了 5 种疾病。但是那些专门研究犹太遗传疾病的实验室会筛查 19 种基因障碍，有的甚至多达 38 种，而且这个数字还在继续增加。

∞　∞　∞

彼得·卡斯丹（Peter Kasdan）试图通过意志力来改变这一现状。从拉比学校毕业后，卡斯丹曾教过一名患有戈谢病的高中女生。"她总是生病，"他说，"我们总是担心她。"作为一名神职人员，卡斯丹比大多数人更了解如何安慰病人。当时他还不知道，怀上患有戈谢病以及其他几种犹太族裔高发病的情况是可以避免的，在他的执教生涯中，就有 8 个学生因为这些病而去世。1975 年，他在北美地区改革拉比的专业组织——美国拉比中央大会上了解到，这些悲剧都是可以避免的。这次会议期间通过了一项决议，"敦促那些想在结婚典礼上邀请拉比的夫妇接受泰 – 萨克斯病和其他让犹太人深受痛苦的基因疾病筛查。"

当时，卡斯丹成为新泽西州利文斯顿改革集会的精神领袖已经四个年头了。他自认为是 A 型人格，把决心放在心里，接着又向前迈进了一大步。当夫妇们邀请他参加婚礼时，他决定不再只是鼓励他们去做检测看看他们是否携带了犹太人常见的基因疾病。他的做法是："我不会去敦促他们。我要告诉他们，'你想让我主持你们的婚礼吗？去做检测吧。'"

我不知道是否有其他拉比因为夫妇拒绝接受检测而拒绝主持婚礼，但卡斯丹的成功率令人印象深刻。2001 年，他作为名誉拉比退休。现在他已经 75 岁了，主持过 1000 多场婚礼。只有两对夫妇拒绝了检测，而卡斯丹也拒绝主持他们的婚礼。如果接受检测的夫妇得知他们都是同一种疾病的携带者，卡斯丹和一位遗传咨询师会帮助他们解决这些问题。"遗传咨询师处理它的科学部分，我处理它的精神部分。"他说。

他认为受测夫妇有以下选择：不生孩子、选择收养、在生育诊所里制造胚胎、筛除那些有疾病的胚胎，或者在正常怀孕后检查胎儿，如果确认不正常，就流产。他承认，有一些夫妇可能会选择继续妊娠。他说："有一些夫妻会对我说，这是上帝的旨意。我相信上帝给了人类自由意志。如果父母有意生下一个患有致命遗传病的孩子，我永远不会把责任归咎于上帝。他们真的有权利生下一个身体会自我毁灭的孩子吗？对我来说，这是一个道德问题。但这不会妨碍我和他们一起站在犹太婚礼的彩棚下。"

卡斯丹特立独行，坚持让一对又一对的情侣在婚前（也可能在开始考虑生育孩子之前）寻求基因检测，这推动了对遗传性疾病进行筛查的重大思想转变。在犹太社群内，泰 - 萨克斯病的公共认知度十分高，卡斯丹希望能让公众也意识到其他基因疾病，包括在不同程度上影响德系犹太人的卡纳万病，这个疾病带走了他的两名犹太教会成员，他们去世时分别只有两岁和四岁至少有十几种疾病更有可能发生在西班牙裔犹太人中，这些人是西班牙和阿拉伯国家的犹太人后裔，尽管疾病的流行程度因国家起源的不同而不同。因为美国的犹太人大多为德系犹太人，因此对于影响西班牙裔社群的疾病，公众意识远远滞后。他的影响力不亚于一个拥有超过 3 万名妇产科医生的专业组织——美国妇产科医师学会，在历史上，该组织一直支持主要针对影响严重且在生命早期发病的疾病进行携带者筛查。像泰－萨克斯病这样的疾病确实符合这一标准，但不是所有疾病都能达到标准，正如迈克尔·卡贝克所指出的那样，像戈谢这样的疾病就不是。

为了建立自己的案例库，并向医生们介绍扩大检测的重要性，作为犹太基因疾病协会的拉比顾问，卡斯丹领导了一个大范围的医学项目，遗传学家和遗传咨询师们会去医院，教产科医生和儿科医生遗传性的犹太基因疾病知识。他还对所有教派的拉比毕业班进行演说，通过正统渠道进行改革，建议这些刚毕业的拉比无论在哪里进行布道，都要把自己和当地的遗传咨询师联系在一起作为第一要务。他侃侃而谈，强调了在另一代人付出代价之前重视遗传病的重要性，并询问是否有人有任何疑问。随后他正色道："现在，既然你知道了这个，如果你选择不建议夫妇们进行检测，然后他们生下了一个患有这类疾病的孩子，他们选择起诉你时，猜猜谁将作为专家证人来指证你？"他在未来的拉比面前展现出了从事这项工作几十年的老拉比应有的庄严。卡斯丹提出这个观点是为了震一震这些人，但他表示，他完全致力于实现他的这个想法，尽管他明确意识到这是一个"非常激进"的想法。"如果我遇到一对夫妇，他们在生了一个患有这类疾病的孩子后，向我伸出求助之手。而他们的拉比没有告诉他们可以做检测避免这种状况的发生，我会建议他们雇用一名律师。"卡斯丹说，"我对那些了解情况、却什么都没做的拉比和医生们没有任何耐心。"

虽然卡斯丹并不提倡一对知道彼此都是携带者的夫妇取消婚约，但是一个由一位因泰－萨克斯病失去了几个孩子的正统派拉比创立的组织多尔·耶秀瑞姆（Dor Yeshorim）建议人们知道情况后三思而行。这个位于纽约的多尔·耶秀瑞姆组织建立了一个基因检测结果的匿名数据库。未来的伴侣（大多数是正统派犹太人）会参考多尔·耶秀瑞姆所说的"兼容性检查"，最好是在"一对夫妇或父母见面之前，以避免不必要的心痛！"如果发现他们都是同一种疾病的携带者，他们就会被告知"彼此的结合是不兼容的"。那些坚持走下去的夫妇则会被提供遗传咨询服务。

在美国，对多种基因疾病的全面认识很缓慢。但在以色列却不是这样，以色列是犹太人基因检测的培养皿。以色列卫生部不断评估应该将哪种新疾病增加到检测表中；依据家族的来源，最近的建议列出了几十种疾病。例如，来自伊拉克的犹太人与来自伊朗的犹太人有患同种疾病的风险，同时和来自摩洛哥的犹太人的疾病风险也有一定的重叠。相比之下，美国没有一个专门致力于这项研究的政府机构。以色列对所有公民，包括阿拉伯公民，都进行产前基因检测，他们面临着与他们的犹太邻居或相同或不同的疾病风险。以色列当局强烈建议在怀孕前就进行检测。多数夫妻都听从了这个建议。就像美国有责任心的年轻女性开始服用产前维生素来为怀孕做准备一样，以色列女性也会在孕期待办事项清单上列上抽一小瓶血。

孕前检测可以减轻很多因子女患病产生的痛苦，并给予人们更广泛的选择。2014 年贝勒医学院的遗传学家亚瑟·柏德特（Arthur Beaudet）在加州拉霍亚的基因组医学会议上发表讲话，他告诉听众，要在怀孕前做筛查。当一些人了解了许多遗传病会在儿童时期恶化导致死亡，而另一些则会造成令人衰弱的疼痛时，他们可能会改变生育计划。关键是，等到怀孕的时候再做携带者检查，即使做了，也已经太晚了。柏德特说："我们真的需要教育人们，让他们明白筛查应该在怀孕前做。从公共健康的角度来看，我们希望每个人都能生下健康的孩子，避免严重残疾儿童的出生。如果我们想要做到这一点，就必须识别遗传风险。"

那么，为什么美国主流医学机构不接受这种孕前检测的架构呢？一方面，保险公司要负担的每个育龄妇女的筛查费用是很昂贵的，特别是目前携带者筛查还未引起公众的注意〔在我访问 Counsyl 的那一周，拿撒勒感到很自豪，她最近和一个孕妇必看的网站——宝宝中心（Baby-Center）的人见了面，并说服执行编辑在怀孕前的检查清单中加上了携带者筛查］。另一方面，美国的许多女性——事实上，大约有一半，都是意外怀孕，这就错过了提前筛查的时机。对于那些计划怀孕的人来说，大多数人只有在妊娠检查呈阳性后才会去看医生。尽管如此，产科医生很少有人接受过遗传学的培训，不会强调携带者筛查的重要性，或者不完全了解他们的病人应该接受哪些疾病的筛查。

基因测序技术开始改变人们对基因疾病筛查的态度和方式。从费用的角度来看，筛查几十种疾病的价格，和为单个基因或在少数基因中寻找突变的价格差距在缩小。筛查的价格在不断下降：几年前，Counsyl 向那些没有保险的人收取的费用是 999 美元，现在的价格是349 美元。许多保险公司会报销 Counsyl 的全部或大部分费用。随着跨国婚姻和跨种族婚姻越来越普遍，越来越多的疾病可能会被遗传给下一代，对所有人都进行筛查似乎是个好主意。

毕竟，在我们居住的多元文化世界里，种族划分已不再是曾经的非黑即白范式了。在一个亚洲人与黑人结婚、祖先是英国新教徒的美国人和犹太人结婚的社会中，血统被混入了一个基因大熔炉。"依靠病人对他们自身种族的理解，基于病人的种族限制来筛查疾病是不全面的。"犹他大学犹他健康科学中心和山间医疗保健公司的遗传学家、母体－胎儿医学医师、美国妇产科医师学会遗传学委员会前主席南希·罗斯（Nancy Rose）如此说道。

∞　∞　∞

这正是苏菲－希夫娜·戈尔德（Sophie-Shifra Gold）面临的情况，她 14 个月大的儿子艾萨克患有卡纳万病，随着时间的推移，身体和精神状况都会恶化。戈尔德在怀孕前和怀孕期间没有检测自己和伴侣是不是神经系统疾病的携带者，这种病通常在儿童时期就会致命，患者无法支撑起自己的头部。在艾萨克的年龄，大多数婴儿都完全投入周围的世界，他们在咿呀学语、用坚实的腿来探索世界，而艾萨克却连自己坐着都办不到。

2014 年的一个寒冷的秋日，我在西雅图的一个中产阶级社区里见到了戈尔德和艾萨克。温蒂·马库斯（Wendy Marcus）——艾萨克的外祖母、戈尔德的母亲，把我的问题用手语比划给了戈尔德，因为戈尔德是聋人，同时为我翻译了戈尔德的回答。马库斯是当地一个改革派犹太教堂音乐项目的领导者。马库斯说，自从艾萨克的诊断结果出来后，他变得"有点令人讨厌"。"每天我都戴着一个'了解你的基因'的纽扣。如果一个犹太教堂领导的女儿都没有意识到为泰－萨克斯基因疾病做检测的重要性，那么卡斯丹正在努力推广的信息显然没有在大范围内传播。"

艾萨克站在母亲的膝上，环顾四周，目光从一个人转到另一个人。他经常微笑，眼神会集中在他想要的东西上。因为我的到来，戈尔德特意准备了燕麦曲奇饼。当她离开房间去取盘子，拿回到她、马库斯和我谈话的厨房的餐桌时，她把艾萨克递给了我。艾萨克穿着红色的衬衫，灰色的裤子上还有一只北极熊图案。他的头比一般婴儿的要大，当我逗他时，他会把头重重地靠在我的怀里。他用可可豆颜色的眼睛看着我。当他看到我是陌生人时，开始发出抗议的声音。

艾萨克的祖母谈到了一家人对他的诊断结果感到多么地痛苦。"他会逐渐衰竭，开始失去交流能力、表情、听觉和视力。他们说病人并不痛苦，就像老年痴呆症患者一样，慢慢地消失在一个灰色地带。"

艾萨克的母亲笑了笑，强烈要求我不要低估他。她说，她知道有几个孩子都活到了十几岁，也许艾萨克就是其中之一。她告诉我，大多数患卡纳万病的孩子到了某个时间点就会被困在轮椅里。马库斯温柔地纠正她："亲爱的，不是大多数，是所有。"戈尔德点点头，对她母亲说："你知道'没有奇迹，犹太人就活不下去'那句话吗？"我永远都希望出现奇迹。但是，戈尔德希望的奇迹并没有出现。在遇见艾萨克几个月后，我听说他已经去世了。

在艾萨克确诊后，他的大家庭都接受了携带者筛查。戈尔德的母亲马库斯有四分之三的犹太血统，而戈尔德的父亲则是正宗的犹太人。但是，最后检测出马库斯是携带者，并将其携带者的身份传遗传了戈尔德。同样地，在艾萨克的父亲那边，有一半犹太血统的祖母也是携带者。她把携带者身份遗传给了儿子迈克尔·莱文（Michael Levin）。当莱文和戈尔德生下艾萨克的时候，他们分别将自己的基因突变遗传给了儿子。最终导致艾萨克患上了卡纳万病。

很明显，对某个种族有重大杀伤力的疾病绝不局限于那个种族。美国妇产科医师学会建议，孕妇要作为一个群体进行筛查，看看她们是否仅仅是囊性纤维化的携带者。根据女性的种族，可能还会建议对其他疾病进行检测。

越来越多的实验室和公司在市场上推广扩展性携带者筛查，这引起了越来越多的关注，促使一个代表产科医生、孕妇胎儿医学专家、遗传学家和遗传咨询师的医学团体联盟来应对这一趋势。2015 年，美国妇产科医师学会和其他医学协会发表了一份语气温和的声明，告知大家"与目前的筛查方法相比，在进行扩展性携带者筛查时，需要分析更多的条件、基因和变体……这种方法带来了需要特殊考虑的复杂性。"

这一声明并不是对普遍筛查的全面支持。为什么会有这种抗拒呢？首先，许多正在不断扩大的受测疾病都有不同的表型。表型是由一个人的可观察特征组成的，例如，眼睛的颜色，但同时还有疾病对人的影响。

囊性纤维化会让厚厚的黏液阻塞肺部，是一种具有可变表型的疾病。一些患有囊性纤维化的人可能会多次进出医院，因为肺部的疾病会让他们更容易生其他病；那些症状较轻的人可以在足球队里踢球，没什么大问题。其他病有更广泛的症状，或者有的根本没有症状。例如，血色素沉着症是一种铁元素储存障碍。血色素沉着症携带者是相当常见的，但这种疾病即使在患者中间也并不总是会引发问题。"即使你的筛查结果呈阳性，你也可能不会出现严重的问题。"罗斯说。在这种情况下，警告父母他们的后代可能患上这些疾病是否明智？这样的警告会不会导致很多人不必要地堕胎，或者陷入不必要的焦虑中？

在基因时代的狂欢中，有一些实际的信息——一个遗传学的真相常常被忽略。这就是 DNA 不一定能决定命运。与疾病相关的基因发生改变并不意味着你一定会患上这种疾病。就卡纳万病而言，从父母那里继承了一种关键酶的基因突变，就等同于确诊。但是，一位携带 BRCA1 突变基因的女性并不一定会患上乳腺癌。她有 65% 的概率在 70 岁之前患上这种疾病，但同样地，她有 35% 的机会不会患上这种病。

实施普遍筛查的另一个挑战是筛查的疾病越罕见，评估结果的可靠性就越困难，因为不知道人群中携带者的概率。因此，对结果是假阳性或假阴性的可能性进行评估是非常难的。"假如说我们给你筛选100 种疾病，检测出你是一种非常罕见的疾病的携带者，我们会对你的伴侣进行筛查，但无法在你的伴侣身上确认这一点。"罗斯说，"我们不知道你的伴侣是不是真阴性，因为我们不知道在人口中携带者的概率是多少。在筛查小组中增加更多的疾病，意味着我们中将会有更多的人成为携带者，但我们并不总是能够评估结果的准确性。"

国家遗传咨询师协会前主席珍妮弗·马龙·霍斯科韦茨（Jennifer Malone Hoskovec）表示，尽管目前很少见检测前的咨询，但它是必不可少的。"你筛查得越多，就越有可能得到一个不正常的结果。"霍斯科韦茨说，"你必须决定它对你是否有意义，还是它会引起更多的焦虑。这项技术很令人兴奋。我们现在能够做一些在十年前我还从未想过会成真的事情。但仅仅因为我们能做到，并不意味着我们需要这样做。"

想要将孕前孕检纳入新规范，需要在孕妇获得保健的方式上进行转变。贝勒医学院的遗传学家柏德特说："我一生都在介绍检测，但是医生还未明白它们的价值，保险公司也不愿意为它们支付费用。"尽管如此，他还是预见了一个未来，就在一代人的未来时间里，这种转变将不再是革命性的。传统的携带者筛查——挑选和选择需要筛查的疾病，将会被简单地纳入到更全面的 DNA 测序中。柏德特告诉我："将来当我的孩子有了自己的孩子时，每个人都会这样做。"

The Gene Machine

02

扮演上帝，改写家族病史

移植前基因诊断

HOW GENETIC
TECHNOLOGIES ARE CHANGING
THE WAY WE HAVE KIDS – AND THE KIDS WE HAVE

20 09 年，詹妮弗·戴维斯（Jennifer Davis）与母亲苏珊在乔治敦大学的一个针对研究生开设的生物伦理课上发表了演讲。这对母女经常被邀请去做这样的公开演讲，她们讲述了那些得知自己患癌风险更高的人所要面对的各种痛苦抉择，并尽力帮助这些人感受到一些温暖。戴维斯一家住在华盛顿特区的郊区，她是携带 BRCA1 突变基因的家族女性中的重要一环。有这种基因突变的女性，患乳腺癌的风险比一般女性要高出 5 倍。同时，这种突变将她们患卵巢癌的概率增加到了 39%，而在普通人群中，女性患卵巢癌的概率为 1.3%。她们俩追溯了家族癌症史，詹妮弗母亲的曾祖母埃塞尔（Ethel）在 1930 年死于乳腺癌，年仅 30 岁。埃塞尔在 26 岁时就被确诊，并进行了乳房切除术。

埃塞尔确诊那年是 1926 年，三年之后，股市崩溃，两年后，阿梅莉亚·埃尔哈特（Amelia Earhart）才成为第一位独自飞越大西洋的女飞行员，几十年后，社会上才允许讨论乳腺癌。半个世纪后，遗传学家玛丽-克莱尔·金（Mary- Claire King）才引领人们识别了 17 号染色体上的某个基因，这个基因是女性乳房和卵巢的杀手，它导致了一些家族要经历世世代代的癌症诊断和死亡。在这个基因发现之前，女性们根本不知道自己被什么东西诅咒了。在金揭露了事情的真相后，她们给它取了一个名字作为金的遗产之一。她们分别取了 "breast"（乳房）和 "cancer"（癌症）的首字母，合成一个词：BRCA1。BRCA2 于 1995 年在 13 号染色体上发现，与 BRCA1 一样，BRCA2 以增加乳腺癌和卵巢癌的风险著称。在每个 BRCA 基因中都已经发现了超过 1600 个个体的突变或变化。

每次苏珊做演讲时，她都会带一张埃塞尔的泛黄的老照片。照片上，埃塞尔的深色头发被盘成一个松散的发髻，她站在丈夫身后目视前方，摆着一个别扭的、过去老照片中常见的姿势。照片上两个人的表情都很严肃。苏珊接着给我看了埃塞尔的孩子马乔里（Marjorie）和玛丽·安（Mary Ann）的照片，她们有着胖乎乎的双腿，留着小仙女式短发，穿着童短袜和玛丽·简斯（Mary Janes）鞋。母亲去世时，两个孩子分别只有三岁和四岁。

1970 年，马乔里——苏珊的母亲，40 岁出头，她从一侧乳房取出了一个良性肿块。1980 年，苏珊的姨妈玛丽·安在 54 岁时检查出一侧乳房有乳腺癌。两年后，她的另一侧乳房也得到了同样的诊断。两年后，玛丽·安的女儿巴巴拉（Barbara）在 38 岁时重复了厄运，一侧乳房被诊断患有癌症，1986 年另一侧乳房也查出了癌症。巴巴拉的癌症后来扩散到大脑，于 1990 年去世。六个星期后，她的母亲玛丽·安罹患卵巢癌。在她打算切除卵巢以便预防的时候，马乔里被诊断患上了卵巢癌。

之后，苏珊又患了乳腺癌，詹妮弗发现了一个可疑的肿块，她选择预防性乳房切除术。坏消息接踵而至。苏珊制作了一张图表，每当有一个亲戚去世时，她便在代表那个亲戚的图标上放一个黑色的 X。那个图表，或者说是一个谱系，对她和女儿所掌握的信息进行了视觉化呈现。总之，如果要依据家庭健康史选择成为某个家庭的一员，人们绝对不会选择加入这个家庭。

乔治敦大学的生物伦理学学生对此心知肚明，其中一个学生尖锐地问道："假如你有能力结束这个厄运，你会这么做吗？"

事实证明，对于备孕的女性来说，她们是有能力这么做的。要想挽救孩子的生命，不让他们的头上笼罩着乌云，受到诸如癌症、泰－萨克斯病这样的致命基因疾病的威胁，父母们可以求助于一种被称为"移植前基因诊断"（PGD）的技术。在PGD技术中，胚胎通过试管受精（IVF）而产生，在实验室中，精子和卵子结合在一起，产生的胚胎会在几天内生长，继而分裂。然后，有些细胞被移除，用来检测某种特殊的基因突变，检测像癌症、泰－萨克斯病或者囊性纤维化这种限制正常生活的疾病的倾向。只有那些没有变异的胚胎才会被转移到女性的子宫里（或者是为了将来怀孕而保存下来）。这一程序也可用于性别选择，它已经被有效地使用了几十年，来避免生下有严重或致命疾病的孩子。最近，那些具有增加罹患癌症风险的基因突变的女性也开始考虑利用这项技术，以避免她们未来的孩子面临同样的命运。

虽然大多数医生和伦理学家认为，用基因筛查胚胎以确保孩子不会有致命的或衰竭性疾病，这在道德上是站得住脚的，但是当然存在着"滑坡效应"——某件事一旦开始便很难停止，继而还会产生严重的后果或灾难。由于非医学原因而使用PGD进行筛选是否同样正当，尚存争议。当然，养育一个健康的孩子，而放弃另一个有疾病的孩子的尝试，这是优生学的基础，也是一种被误导的针对人口质量的控制措施。

很大程度上，出于非医学原因使用PGD的行为引发了伦理学家对"设计婴儿"的担忧。CRISPR-Cas9基因编辑技术的出现，进一步加剧了关于"对胚胎进行哪种程度的修改可以被接受"的争论（在这本书的后几章，我们将探讨这些未来的挑战）。

但是，即便是使用更直接的PGD技术，随心所欲地选择一个胚胎也并非易事。举例来说，手动选择一个胚胎来消除BRCA突变，比选择没有致命的泰－萨克斯病突变的胚胎要复杂得多。尽管泰－萨克斯总是会缩短寿命，但乳腺癌并不一定是这样。正如我们所看到的，与泰－萨克斯病不同的是，仅仅有一个 BRCA 突变并不一定会带来疾病；它只会增加患乳腺癌的风险。此外，还有一些其他选择，包括成像、外科手术和药物治疗，都可以检测和治疗乳腺癌。尽管如此，BRCA基因突变还是意味着癌症的发生率更高。

当面临遗传缺陷基因的前景时，更多的 BRCA 携带者正考虑利用基因技术，让他们的家庭患乳腺癌的概率与普通人群的水平持平。不过，这项技术价格不菲。PGD 比标准体外受精的成本贵 6000 美元左右，一轮就高达 2 万美元。保险公司很少会报销这两种医疗花费。

威廉·斯库克拉夫特就职于科罗拉多州生殖医学中心（CCRM），这是美国最重要的生育诊所之一，在过去三年中，他至少用了十几次PGD 来消除 BRCA 突变。斯库克拉夫特说："这并不意味着所有人都会选择做这件事。我听到一些女性说，'我奶奶有，我姨妈有，我妈妈也有（乳腺癌）。'我想阻止这个趋势的发展。另外一些人的态度则是，'如果我的孩子像我一样，那就这样吧。'"据美国国家综合癌症网络的观察，BRCA 会对计划生育决策产生"深远的影响"，但它并不推荐与 BRCA 的携带者讨论 PGD。相反，它只是提到了对于那些担心将BRCA 突变遗传给孩子的夫妇来说，咨询可能是有必要的。它还指出，PGD 要求即使是没有不孕不育的夫妇也要使用试管受精，这对很多人来说都非常困难。

但是一些支持团体，比如"正视我们的癌症风险"（Facing Our Risk of Cancer Empowered，FORCE），它相信公众认知度是至关重要的。"我们在每个会议上都介绍它，我们把它写在我们的时事通讯录上，我们举办过这方面的在线研讨会，但并不是每个人都知道。"FORCE执行董事苏·弗里德曼（Sue Friedman）说，FORCE 的成员有充分理由怀疑他们继承了以 BRCA 突变形式存在的可疑的家庭遗产，"如果你没有全部信息，那么在面对所有的选择时做出明智决定是非常难的。"

一项对 PGD 的认知和态度调查研究发现，在参与相关调查之前，只有三分之一的遗传性乳腺癌或卵巢癌高风险女性听说过这项技术。它就像堕胎一样，一些女性认为 PGD 应该是一种选择，尽管她们本人不会去做，还有些人不感兴趣，因为他们已经过了生育年龄。"这些都是非常个人的决定。"弗里德曼说。

在乔治敦大学演讲时，詹妮弗·戴维斯思考了这个学生提出的问题：她会选择一个没有遗传她的与生俱来的基因突变的胚胎吗？这是一个非常私人的问题。不过，作为 FORCE 的一名对外联系协调员，詹妮弗常被叫去挡回"爱管闲事"的问题。不过好奇心并没有使她感到困扰。

詹妮弗不和学生说出她的答案，而是问了自己的母亲。"基本上，"詹妮弗说，"如果你有选择不带有突变的胚胎的权利，你就不会生下我，对吗？"

"我不会那么做！"苏珊回答说，同时拍了拍桌子。学生们的注意力都集中在了教室里上演的这出真人秀上。

但是，当时还没有孩子的詹妮弗已经 23 岁了，她告诉全班同学说她会这样选择。

苏珊膝跳反应式的否定回答是可以理解的。她难以想象如果她选择不生下一个患有 BRCA 突变的孩子，一切将会是什么样的。如果那样的话，在儿子理查德死于一场摩托车事故后，她的女儿——她已经抚养了 30 年的爱女，成为家中独子的女儿，就不会出现在这里了。理查德也继承了基因突变，并成为了最先公开谈论此事的男性之一。但对于詹妮弗来说，这个选择远没有那么痛苦，就像任何一个选择试管婴儿的女性所做的选择一样。这将是一种保护她未来的孩子的方法，可以让其不用再经受家族所承受的遗传癌症梦魇。

生育诊所会给胚胎"分等级"，最强的胚胎得分最高。PGD 为这种胚胎等级制度添加了另一个标准：只有那些没有突变的胚胎才最强。"我妈妈没有这个选择，"詹妮弗告诉全班同学，"这种疾病和基因突变让我过着没有祖母的生活，因为祖母在我 12 岁时就去世了。我的母亲同样如此。基因遗传对我来说很重要，如果我能把它从我的家庭中排除出去，我更愿意参与这种胚胎等级排序。"

对于像詹妮弗这样知道自己携带 BRCA 基因突变的人来说，自然受孕意味着她有可能将突变遗传给她的孩子（一个有 BRCA 突变的父亲有 50% 的概率将其遗传给后代）。

∞　∞　∞

对蒂娜·科贝尔（Deena Kobell）来说，这种概率是不可接受的。2005 年，这位费城律师写信给比利时、英国、纽约和以色列的医生，询问他们是否能帮助她怀上一个不携带她家族成员携带的基因突变的孩子，因为她的 BRCA1 基因突变一直困扰着她的家人。2001 年，年仅 29 岁的科贝尔被诊断出患有乳腺癌，并进行了成功的治疗，她决心确保她的孩子不会面临同样的命运。她告诉我："我收到了一些回信，说这是不可能的，不能这么做。"

在即将放弃的时候，她联系到了美国遗传基因机构（Genesis Genetics）的创始人马克·休斯（Mark Hughes），他是密歇根州安阿伯市郊区的 PGD 先驱。1991 年，休斯第一次参与 PGD，使用 PGD 对付特殊的疾病：囊性纤维化。他此前从来没有做过详细的分析来选择一个没有乳腺癌突变的胚胎，但是当他在家里给科贝尔打电话时，他说他愿意尝试一下。科贝尔很兴奋，尽管这件事后来引起了有同样基因突变的家庭成员的焦虑，他们担心蒂娜所做的事情就像扮演上帝一样，休斯则坚持自己的判断。"如果你的家庭成员纷纷因乳腺癌去世，那么很明显，这种突变对你的家庭来说是相当严重的。"他告诉我，"对于一个可能永远不会在个体中引起疾病的基因进行检测是否合适？如果一个家庭要求避免这种基因突变，那我们责无旁贷。"这项技术是有效的，科贝尔的女儿叫伊芙·海伦娜（Eve Helena），以科贝尔的母亲海伦·伊芙琳（Helen Evelyn）命名。她被认为是世界上第一个特意制造出来的没有乳腺癌基因突变的孩子，当我在她家翻修的四层楼房见到她时，她正上小学二年级。

当蒂娜讲述自己的故事时，伊芙正坐在厨房的凳子上。"记得我告诉过你，当你出生的时候，我们确保了你不会患乳腺癌吗？"蒂娜问伊芙。伊芙看起来很感兴趣。

"这是在聊我母亲时说到的。伊芙问我母亲是怎么死的。我说她患了卵巢癌，伊芙问我是否也会得这种病。我说不会，因为我摘除了卵巢。她知道我得了乳腺癌，因为她看到了我的伤疤。我说，'当你是一个很小很小的东西时，我们检测了一下，确保你没有我和海伦奶奶的基因。'我们确保你不会患上乳腺癌或卵巢癌。"（蒂娜这样简单解释是因为她女儿还太小，但这并不完全准确。尽管 PGD 确保了伊芙不会遗传到一种会增加乳腺癌风险的突变，但也不能排除她有一天会被诊断出患有乳腺癌的可能性。伊芙的风险与美国的任何女性一样，有八分之一的女性在人生的某个阶段患上了非遗传性乳腺癌。

伊芙插话道："当你得癌症时，会发生什么？"

"好吧，你会生病，"蒂娜说，"你可能会遇到严重的麻烦。"

"你的意思是死吗？"

"是的。"

伊芙有着黑色的头发和黑色的大眼睛，她是大屠杀幸存者的曾孙女，是从 15 个受精卵中挑出来的一个。到那时，胚胎已经生长了 4 天，足以让休斯对其进行活检以寻找 BRCA1 的存在，有 5 个已经停止了分裂，于是休斯对剩下的 10 个进行了分析。其中有 8 个可以进行生物切片检查，只有四个没有突变。胚胎在实验室的 15 天里，只有三个存活了下来。这三个胚胎都被转移到了蒂娜的子宫里。9 个月后，只有伊芙一个成功了。

"现在我松了一口气，"蒂娜告诉我，"我有很多事情要担心，但我可以把这件事从清单上划掉了。"

伊芙在周六上钢琴课，跳芭蕾舞剧，现在她在静静地听着妈妈讲述她是怎么来的。蒂娜说："我不太确定一个 7 岁的小孩能理解什么。"伊芙最喜欢的科目是数学。她喜欢霓虹灯的颜色。她最喜欢的地方是她那粉色房间里的床，床上有一个有薰衣草美人鱼图案的被子。蒂娜刚刚买了一本艾米丽·温兹南普系列（Emily Windsnap）的童话书。伊芙和我因为这本书有了话题，这本书是一个系列作品的一本，故事围绕着美人鱼和半人半美人鱼的艾米丽展开。我知道这些冷知识，因为在这个国家的另一边，在我居住的西雅图，我和正念二年级的女儿读过这个系列。

伊芙的出生和她的存在本身，都得益于 BRCA 基因突变的检测。这会使她成为一个"设计婴儿"吗？尽管她有着不同寻常的出身，但我还是觉得她和包括我女儿在内的普通 7 岁女孩没有区别。

并不是每个人都可以负担得起选择 PGD，也不是每个人都想要这么做。2014 年，我在《华尔街日报》发表了一篇文章，讲述使用 PGD 避免遗传乳腺癌突变的可能性，与读者的评论产生了严重分歧。他们讨论的是因为有人可能会生病，他或她就不应该存在，这么做是否正当。自伊芙出生以来，创世纪遗传学公司（Genesis Genetics）已经帮助超过 380 对夫妇生下了没有携带 BRCA 突变的孩子。目前还没有关于 PGD 的联邦法规，这样就由个人科学家和实验室自己决定在哪里或是否应该划定界限。

不出意料的是，那些把基因突变遗传给孩子的父母常会备受内疚折磨。"虽然父母知道孩子是命运的人质，但母亲怎么能忍受是自己无意中给儿女们带来了诅咒、定时炸弹或死亡的种子呢？"苏珊·格巴（Susan Gubar）在《一个被摧毁的女人的回忆录中》（Memoir of a Debulked Woman）写道，这是一本关于格巴患卵巢癌经历的书。当然，父亲也可以轻易地传递突变的基因。对他们来说，这种愧疚可能更糟。

假设这种突变已经从曾祖父传给祖父，又传给了父亲，然后传给了父亲的女儿。携带乳腺癌基因突变的男性患乳腺癌的风险要低得多，这种突变的出现可能会让人大吃一惊。最近，我最好的一位朋友就遭遇了这种事。

正如生物伦理学家亚瑟·卡普兰（Arthur Caplan）所指出的，遗传信息是"非常敏感的"。令人担忧的基因检测结果会让人们感到"他们伤害了他们的孩子，或者他们自己会被吓到"。大多数人在他们的肾脏不能正常工作时，不会有这种感觉。他们不会说："我是一个有缺陷的人。"但基因会给他们这种感觉。

格温多林·奎恩（Gwendolyn Quinn）是佛罗里达州莫菲特癌症研究中心的一名心理学家，他领导了一项评估人们对 PGD 态度的研究，他说进行试管受精的成本和麻烦是许多 BRCA 携带者不接受这种选择的原因。奎恩说，同样的因素使得 PGD 不太可能被广泛用于选择没有突变的胚胎，更不用说选择具有理想性状的胚胎了。她说："有些人担心这会导致设计婴儿的出现，但对我来说，这是一种巨大的进步。"

2008 年，奎恩从研究卫生保健提供者的角度着手，开始研究使用 PGD 治疗遗传性癌症的观点。她发现，在是否应该抛弃因基因突变而增加了患癌风险的胚胎这个问题上，肿瘤专家们意见并不一致。

一年后，奎恩针对所有 FORCE 的社群成员进行了一项大型调查。在 900 多名接受调查的女性中，大多数年岁稍长且已经组建了自己的家庭。还有三分之一的人说，如果她们打算怀孕，她们会考虑 PGD，而 38% 的人说她们不会，29% 的人选择"不知道"。从受访者的评论来看，很多人都认同苏珊·戴维斯对这项技术存在的愤怒。她们说："如果我妈妈怀我的时候，有这项技术，那我就不会在这里了。"她们还说："癌症不是死刑判决。我患了乳腺癌，但我还是活了下来。"

但是，就像詹妮弗·戴维斯一样，在那些还没有孩子的女性中，有一小部分人似乎很愿意接受试管受精，她们甚至会因为有可能生育一个不会携带折磨了一代又一代家族成员的基因突变的孩子而感到激动。在 2010 年，这份热情转移到了一个由奎恩组建的、由 13 位女性组成的小组中，这些妇女具有 BRCA 突变，但没有被诊断出癌症。其中一半的人做手术切除了乳房和 / 或卵巢，另一半正打算做手术。大多数女性说她们根本不知道 PGD 的存在。奎恩说："她们很生气，因为没有人在她们制订治疗计划的时候和她们谈过这件事。"

对于那些想要成为母亲的女性来说，了解 PGD 就意味着知道了很多信息。许多女性曾说过："这种癌症将会随着我而结束，我不打算生孩子了。"奎恩说。然而，当她们听说了 PGD 的时候，就不再那么确定了。在我的一篇文章中，有位女性曾说过一些很经典的话："我一直梦想着以一种比较老套的方式怀孕，坐在炉火边，喝着一杯酒。PGD 听起来太医院化了。"但是为了降低患癌症的风险，这位女士将会切除卵巢，所以她需要接受试管受精才能怀孕。但为什么不把 PGD 也做了呢？

促成伊芙出生的美国遗传基因机构在 2015 年进行了 762 例 PGD 诊断，扫描了带有超过 150 种不同遗传疾病的胚胎。最近几年，由于公众对基因突变的基因检测意识增强，他们的工作量急剧增加；在 2012 年，休斯才做了 128 个病例。PGD 在检测胚胎时，一次只检测一个特定的已知会影响一个家庭的遗传条件，这是胚胎植入前基因检测的一个小子集；在创世纪遗传学公司、胚胎植入前基因检测的 90% 集中在染色体分析上，因为正确的染色体数量会大幅提高成功怀孕的概率。休斯说："通过 PGD，我们只检测他们知道的疾病。我们并不会对任何可能会出现的东西进行筛选。这主要是因为如果我们对所有的东西都进行这样的检查，我们就不会发现任何'正常'的胚胎了。我们都有坏基因，只是浑然不觉。我们的目标是避免那些我们已经知道的疾病。"

∞ ∞ ∞

PGD 起源于 20 世纪 30 年代，那时人们用 PGD 来选择农业动物的性别。在 60 年代末，包括因发展 IVF 而获得诺贝尔奖的罗伯特·爱德华兹（Robert Edwards）在内的科学家们成功地确定了一只兔子囊胚（只有几天大的细胞组成的球体）的性别。在兔子身上可能实现的事花了相当长的时间才在人类婴儿身上办到。

为了使用 PGD 消除某种疾病发生的可能性，体外受精首先必须出现在生殖环境中。在 20 世纪 70 年代末 80 年代初，确实如此。1990 年，在伦敦的哈默史密斯医院（Hammersmith），艾伦·海迪赛德（Alan Handyside）和罗伯特·温斯顿（Robert Winston）成功地确定了一对夫妇的胚胎性别，他们想要避免像血友病这样的 X-链疾病。这些疾病通常会影响男孩，和女孩不同，他们没有健康的第二 X 染色体来补偿。

不久之后，让伊芙的存在成为可能的医生马克·休斯与哈默史密斯小组合作，对遗传性疾病进行了复杂的 DNA 突变检测，这为所有染色体基因突变打开了大门。1991 年，他们用 PGD 进行囊性纤维化的研究，这种病由一个基因错误引起，在此之前的两年，囊性纤维化在七号染色体上被识别了。休斯说："这是一种常见的、极其可怕的疾病，作为第一个 PGD 的目标疾病是说得通的。"

现在，就疾病而言，人类基因组中几乎没有什么是无法检测的。休斯说："这项技术永远代表着医学诊断检测的极限，因为你正在检测一个细胞，它是生命中最小的单元，对于一个基因来说，它是最小的生命单位，对于一个在 60 亿个 DNA 字母中出现的 DNA 突变来说，它是最小的遗传单位。你明天早上就可以得到答案了。PGD 已经针对超过 700 种致命的遗传紊乱执行过了。问题不再是我们能不能检测一下。而是我们应该这样做吗？像囊性纤维化或肌肉萎缩症这样的遗传病，与头发颜色或干 / 湿耳蜡等遗传特征之间存在明显的区别。"例如，基因组中的一个字母会导致亚洲人拥有"干的"、灰色的耳蜡，或高加索人可乐色的耳蜡。休斯说："这很有趣，但没人会去检测这个。这是基因娱乐，而不是遗传医学。"

随着更好的治疗方法对于病人存活期的延长，人们甚至对 PGD 治疗囊性纤维化的态度也发生了变化。50 年前，在肺里形成的黏性黏液，往往会让孩子过不了 10 岁这一关。随着现代肺医学的发展，这种疾病不再像以前那么可怕了。但它仍然很糟糕，还让人类的生活受限（当然，你可以认为人就是生来受限的）。患有囊性纤维化的人应该感激自己能活到三四十岁，甚至更久，如同美国肺脏协会所说的那样，当他们接近这些年龄时，他们可能会想生个孩子。在这种情况下，他们是否应该选择 PGD？

基因选择的胚胎引发了人们对设计婴儿的恐慌。但是，究竟什么是设计婴儿呢？"设计婴儿"这个词经常被用来形容那些在反乌托邦的未来得到"强化"的胚胎，这些被创造出来的胚胎具有某些特征，也许是蓝色的眼睛或者是金色的头发。尽管这些特点目前还不是生育诊所菜单上的主要选项，但有几个中心声称提供这种服务。更常见的是，诊所越来越多地允许家长因为各种原因选择性别。事实上，美国是"生殖旅游"的中心，另外墨西哥也是少数几个允许出于非医学原因和消除遗传疾病考虑性别选择的国家之一。2006 年，一项对美国生育诊所的在线调查显示，42% 的人出于非医学原因进行了性别选择，几乎一半的人对这种情况没有任何限制（比如将其限制在第二个或随后的孩子身上）。2015 年，美国生殖医学学会正式宣布其立场，称不孕不育医生"没有道德义务提供或拒绝提供非医学原因的性别选择"。换句话说，这一决定是由私人诊所决定的。与此同时，美国妇产科医师学会表明了更为极端的观点，声称因为社会或文化上的原因，反对用 PGD 来选择胚胎。

在胚胎中识别性别是很容易的。对于遗传学家来说，更有挑战的是找出导致一个人拥有完美的音高或擅长微积分的原因。大量的基因影响着人的特性，例如身高、高智商、完美的音高或协调性。生活环境、努力工作、运气也起到了作用。"我们还不能给胚胎注入智力、音乐能力或高超的高尔夫挥杆技术。我们也不应该这样。"休斯说，"仅仅因为我们能做一些事情并不意味着我们就应该这么做。"

这未能阻止社会上对这种可能性的担忧。随着基因技术的每一次进步，紧张情绪就会加剧，人们担心设计婴儿会创造出一个"有"和"没有"的世界。这种担忧并不是什么新鲜事。1998 年，《纽约时报》刊登了一封致编辑的信，信中表达了对那些父母"打算让他们的设计婴儿比其他孩子更聪明"的研究的关注。终有一天，所有的新生儿都将在试管中，这样我们就可以筛出那些……智商可能低于 160 的孩子吗？

自那封信见诸报端已经过去了许多年，然而我们仍然不知道如何创造一个小爱因斯坦。从这个意义上说，至少对设计婴儿的大惊小怪可能反应过度了。"我们不知道是哪些基因，也不知道如何选择它们来设计婴儿。"纽约大学兰根生育中心的生殖内分泌和不育司主任杰米·格里福（Jamie Grifo）说。

格里福是美国使用 PGD 的医生之一，他致力于帮助一个个家庭避免他们的孩子们得血友病。格里福说："我们谈论这一话题的道德标准改变了很多。这已经变成了个人选择。"

如果有这个选择，你希望你的孩子也遭遇和你同样的问题吗？比如，蒂娜·科贝尔在谷歌上搜索自己的名字，发现一位学者写了一篇关于她使用 PGD 的论文。她说："人们评论说，'哦，设计婴儿'。但那并不是我做的事。"她说她所做的是让自己内心获得平静。"当你发现你是 BRCA 携带者，你仍然可以要孩子，而且可以避免孩子遗传同样的疾病，那么携带 BRCA 就不算是一种打击了。"

格里福说："你必须从一个生活完全乱了套的女人的角度来思考这个问题，选择生下可能会有同样问题的孩子带来的内疚同样会导致选择困难的问题。有些伦理学家和爱说三道四的人并没有真正去投票。"

我总是说，先练习换位思考，然后再评判。如果你想象那个不幸的人是你，突然就会发现事情不那么简单了。"

这取决于如何定义"设计婴儿"，人们可以认为他们已经存在于不孕不育治疗的范畴里了。那些依靠卵子或精子捐献者生孩子的人通常不只是撞运气。他们有意选择一个基于具体标准的捐赠者：外貌、个性和教育水平。

南加州有一个著名的精子库——"胚芽选择库"（the Repository for Germinal Choice），它从诺贝尔奖获得者那里征求精子，并在 1980 年开放时登上了新闻头条。它的昵称是"诺贝尔奖精子银行"，如果你想要寻找"超级精子"，它就是你要去的地方。然而，三名同意报名的诺贝尔奖得主中，有两名最终拒绝了，而第三位——在 1956 年获得诺贝尔物理学奖的威廉·肖克利（William Shockley）捐赠了一次。然后，精子银行改变了这种做法。"我决定不去招募诺贝尔奖得主了，而是去预测未来的诺贝尔奖得主是谁。"精子银行的第一任主席保罗·史密斯（Paul Smith）在接受记者戴维·普洛茨（David Plotz）的采访时，谈到他和该银行的创始人罗伯特·格雷厄姆（Robert Graham）如何征集捐赠者时如是说。普洛茨这样写道：

他找到了获过奖的年轻科学家。他在加州大学伯克利分校和加州理工学院的校园里四处寻找，那里遍地都是年轻的书呆子。一开始，史密斯和格雷厄姆专注于科学家，只关心智力，但他们很快意识到，他们的客户并不满足于聪明的大脑。"女性客户总是会问，他有多好看，他有多高，她们想知道他是否体格健壮。我们意识到，如果你要提供选择，你必须给女性一个真正的选择。"史密斯说。

存储库的资料不断地吹嘘着 A 级精子，但是大多数客户似乎已经意识到这并不是一门精确的科学。他们希望能有一点小小的提升，而不是一个迷你版的诺贝尔得主。

这些女人都在谋划着什么？她们在挑选特定的基因以便让孩子变

得更聪明、更漂亮，成为篮球高手。我们知道拥有一个聪明、漂亮、健壮的孩子的最好方法就是和一个聪明、好看、有运动能力的人一起生育一个这样的孩子。事实上，普洛茨与9位精子银行接受者的谈话说明这就是母亲们的想法。

如果你是乌玛·瑟曼（Uma Thurman）或者伊桑·霍克（Ethan Hawke）的粉丝，你可能会回想起看科幻电影《千钧一发》（*Gattaca*）的内容。在这部电影描绘的世界里，"完美"的孩子是在基因工程的帮助下怀上的。人们认为传统生育方式孕育出的人只配做卑微的工作，他们被称为"残缺者"或"退化者"。从本质上说，每个人都是电影里的"设计婴儿"。霍克在电影中密谋对抗"劣质"遗传基因，并最终获胜，五年后，生物科技企业家格雷戈里·斯托克（Gregory Stock）在其出版的《重新设计人类》（*Redesigning Humans*）一书中重申了《千钧一发》中的观点：在未来，生殖技术将是唯一正确繁衍下一代的方式。他写道："经过试管受精诊所不断的市场营销，传统生殖技术即便不是变成彻头彻尾地不负责任，也可能会显得过时。终有一天，人们可能会把性看作一种消遣，而怀孕则最好在实验室里进行。"

虽然马克·休斯每年都会进行数百个防止基因疾病的PGD，他认为上文描述的未来是不切实际的。他的创世纪遗传学公司在英格兰有两个实验室，在约旦、南非和巴西等国家有10个实验室。对于每例在英国进行的PGD，英国人工授精与胚胎学管理局（HFEA）都会要求该公司提交一个休斯所说的"白皮书"，详细说明疾病的严重程度、对那个家庭的影响、可用的治疗手段，以及他们具体计划使用哪项技术才能怀上不受影响的孩子。HFEA是一个政府机构，它负责监测英国的生育诊所和涉及人类胚胎的研究。该机构随后会对每一个案例发布裁决，支持或反对在该案例中使用PGD。休斯说："这个机构最后终于意识到他们在批准每一个案例。没有人会因为琐碎的原因而主动要求经历这些过程。任何头脑清醒的人都不会愿意因为自己不需要的东西，去经历情感上的跌宕起伏，愿意对IVF俯首帖耳、唯命是从。25年的PGD

临床经验已经证明，对于求助其设计婴儿的人们来说，这太复杂了。"

米沙·安格瑞斯特（Misha Angrist）表示，"设计婴儿"的构成是一个比较"模糊"的概念。米沙是杜克大学的一名研究员，2009 年，他成为了最早将自己的基因测序公开的人之一，这是哈佛医学院个人基因组计划的一部分（这个项目正在进行中，收集和分享基因组数据被作为一种加速研究的方式，因为"共享这些数据有利于科学和社会"）。如果你有 40 多个特定基因序列的重复，你会患上亨廷顿舞蹈病，这是一个痛苦的、将人折磨得人格大变直至死去的基因病。那些因没有此类致命重复而被选中的胚胎是否会被认为是"设计婴儿"？也许从技术上讲的确如此，但这不是因为某种不现实的原因，比如，某些夫妇选择 XX 胚胎，因为他们梦想着选择一个拉尔夫·劳伦。安格瑞斯特说："这是一个被过度使用的词汇，是一种陈词滥调，是对《千钧一发》电影的速记。它有很多附加信息。当我的学生说'我想写一篇关于设计婴儿的论文'时，我的第一直觉是'不，请不要这样做'。"

设计婴儿是为了让其拥有某种特性，或是为了去掉某些特征吗？我认为，通过 PGD，我们现在更有能力去消除一些特质，而不是灌输这些特质。当然，什么是不受欢迎的，这是很主观的判断，有时候父母的选择会特别令人惊讶。

在一个关于设计婴儿难题的有趣模拟测试中，一些夫妇故意选择一个带有很多人认为是不足的胚胎。失聪的夫妇要求做 PGD 的目的是为了有一个聋哑孩子；侏儒们想有一个像他们一样的"小人"孩子。2002 年，有消息传出，来自美国马里兰州的一对失聪女同性恋伴侣采用了朋友捐献的精子，这位朋友来自一个完全失聪的家庭，他的家族中有五代失聪的历史。坎迪斯·麦卡洛（Candace McCullough）和莎伦·杜切斯尼奥（Sharon Duchesneau）一开始向精子银行寻求帮助，但被告知先天性耳聋者不允许捐赠。

这两位女性想要可以一起分享聋人文化的孩子，她们最后有了两个孩子：一个是完全失聪的女儿，一个是失聪没那么严重的儿子。虽然他们得到了一些支持，但是也遭到了大量批评。"我不明白为什么有人想要把一个有残疾的孩子带到这个世界来。"美国聋哑人协会的南希·拉力士（Nancy Rarus）说，"聋人没有那么多选择余地。"

2008 年，《生育与不孕》（*Fertility and Sterility*）期刊上的一篇文章统计了提供非医疗目的的性别选择的美国生育诊所的数量，同时报告说，3% 受访的 PGD 诊所表示，他们已经允许客户使用这项技术来筛除携带残疾基因的胚胎。绝大多数不孕不育医生都不会用 PGD 来达到这个目的。"总的来说，养育孩子的一个主要因素是为我们的孩子创造一个更好的世界。"马里兰州罗克维尔市谢迪格罗夫生殖医学中心的罗伯特·斯蒂尔曼（Robert Stillman）对《纽约时报》说，"侏儒和耳聋是不正常的。"

事实上，用 PGD 预防侏儒症是一项挽救生命的技术。侏儒症的症状各不相同，但最常见的一种是不发育，在每 15 000 到 40 000 个新生儿中就有 1 个。侏儒症会影响生长发育，尤其是身体长骨的发育。正常身高的人可能会生出患侏儒症的孩子，就像侏儒可以生比他们高的孩子一样：当父母双方都有侏儒症时，他们的孩子有 50% 的可能成为侏儒，即从父母一方继承了一个侏儒基因，从另一方继承了一个不受影响的基因。他们有 25% 的概率长到正常高度，如果他们能从父母双方各得到一个不受影响的基因。他们有 25% 的可能不幸遗传致命的"双显性"突变，最终会从父母那里得到两个侏儒基因。使用 PGD 可以识别出具有双重显性突变的胚胎，这样的胚胎孕育出的婴儿无法存活，而 PGD 能够很明显地帮助父母们避免许多心痛。

2003 年，斯特凡纳·维维尔（Stéphane Viville）在法国进行了第一个有记载的关于侏儒症的 PGD 手术。他采用了更传统的技术，选择了一个没有侏儒症的胚胎，在这个案例中，夫妇俩只有一方是侏儒。

儿科心脏病专家达沙克·桑葛维（Darshak Sanghavi）写道："有趣的是，如果面对父母都是侏儒的情况，维维尔博士说，他很可能只会植入一个能长到正常身高的胚胎，不只是禁止双重显性突变的胚胎，还会禁止患侏儒病的胚胎。"

桑葛维持完全不同的观点。"我认为维维尔博士担心 PGD 技术被随意地用来制造畸形基因。"他写道：

几十年前，同样的恐惧出现在体外受精的问题上。对于那些为数不多的选择突变的 PGD 中心，我并不是很担心。毕竟，自然生育也是容易出错的，几乎百分之一的妊娠都会由于出生缺陷而变得复杂——这种缺陷通常比侏儒症或耳聋更严重。

更重要的是，作为一名帮助女性处理复杂胎儿疾病的医生，我已经学会了尊重该家庭的判断。许多父母都有一种感人的信念：如果他们的孩子和他们相似，会加强家庭和社会的纽带。

∞　∞　∞

有各种残疾的人（不管你是否认为侏儒症是一种残疾）多年来一直在四处游说，为美国残疾人法案在法律上被重视、理解而奋斗。这些理解不是说要把他们区分出来，而是为了让残疾人能够公平地竞争，使他们拥有和正常人一样的权利和机会。

为了争取理解、尊重和了解，残疾人经过了长时间的不懈奋斗，他们需要在这个社会成为完全平等的参与者。面临被淘汰的前景，残疾人的命运掌握在那些不理解他们的人手中。残疾人的生活并不是低人一等，只是与正常生活不同而已。丹·肯尼迪（Dan Kennedy）在《小人儿》（Little People: Learning to See the World Through My Daughter's Eyes）中写道："我在学习通过女儿的眼睛来看这个世界。"他提到的女儿是他的第一个孩子瑞贝卡，她 1992 年出生一周后就被诊断出患有先天性软骨发育不全症。这段话出现在他书中的某个章节中，而这一章有着令人痛心的标题：新优生学。

要理解为什么肯尼迪把他的那一章称为"新优生学"，以及为什么它的阴霾让人们如此心烦意乱，需要先理解"传统优生学"是什么。

从历史上来看，优生学中的优（eu）来自希腊语的"好"（good）或者"正常"（normal）和家族（genos），意思是"出生"，指的是为了建立一个更好的种族，抛弃遗传多样性，从而创造出完美的人类。

当然，优生学在希特勒发起的消灭犹太人的运动中触及了人类的底线。除了他们在集中营中所进行的大规模屠杀之外，纳粹还对 40 多万人进行了绝育处理。在他们努力消灭犹太人、吉普赛人、同性恋者和残疾人的同时，他们把基因纯度的理想提升到了一个可怕的、前所未有的水平。由于某些人更优越，因此应该让他们在一起生孩子，这一想法可以追溯到柏拉图，他在《理想国》中宣称（这句话归因于苏格拉底）："最好的男人必须尽可能频繁地和最好的女人性交，劣等人则应尽量避免性交。"

在 1883 年，英国博学家、查尔斯·达尔文的堂兄弟弗兰西斯·高尔顿爵士（Francis Galton）第一个用"优生学"这个词来形容"好的出生"，优生学至少在名义上诞生了。他强调说"更合适的种族或血统应被给予更好的机会，使其占据优势"。格里格·孟德尔（Gregor Mendel）在他的豌豆植物遗传基因实验上证实了这一观点。对敬畏上帝的人来说，甚至有所谓的神性证据来支持《圣经》中有从人类种族中剔除不适合的人的说法。当摩西将十诫赐给以色列人的时候，他引用了这神圣的宣言："因为我耶和华是忌邪的神。恨我的，我必追讨他的罪，自父及子，直到三四代。"（出自《出埃及记》）。不管罪孽意味着什么，似乎都是在证明《圣经》上的诅咒在未来几代人中将反复出现。遗传与社会、智力和道德的各种缺陷之间可能存在的联系使优生学在美国生根发芽。

20 世纪初开始出现了争议，美国某个州博览会上举办了"更好的婴儿竞赛"，以此甄别婴儿的优劣。小孩们的分数是通过身体与智力一起评估得来的。裁判员对那些小小的参赛者的头部、胸部、手臂和腿等进行测量，将所得数据与身体发育表进行对比。通过观察孩子们玩耍的复杂程度，他们对孩子们的认知水平进行了评估。令人难以置信的是，一些婴儿之间甚至会缔结娃娃亲，大概是要"优中选优"。

只有婴儿享受了这些乐趣吗？"未来健康家庭杯"竞赛也开始流行起来。在一张黑白照片中，母亲把一个婴儿放在自己的膝上，婴儿父亲模样的人则坐在椅子上，下面挂着的标志写着"优生学杰作"。他们旁边有一群护士和一位挂着听诊器的医生。奖杯上写着"州长奖杯——最强家庭"。这张未注明日期的照片似乎来自托皮卡市的堪萨斯自由集市，1920 年第一届健康家庭竞赛在那里举行。

如何最好地传达信息？教育孩子们。在《美国哲学学会会议论文选》（*Proceedings of the American Philosophical Society*）中，史蒂文·塞尔登（Steven Selden）将青少年文化中优生学的普遍性描述为：

> 例如，在 20 世纪 20 年代的一个周六晚上，学生们可以去看电影，去看支持安乐死的电影《黑鹳》……周二，媒体会报道"更好婴儿竞赛"的获奖名单。周三上课时，这些学生可能会打开他们的生物教科书，学习关于优生学的一章。最后，在周四和周五的时候，他们可以一起去参观与卫生课程相关的州展览会，同时可以参加一个"健康家庭"竞赛。如果他们被认为拥有优于一般的遗传，他们可能会带着一枚刻有圣经铭文（"我的产业实在美好"）的奖章回家。

小学生们听到过关于"问题家庭"的警示故事，在这样的家庭中，充斥着犯罪行为、软弱思想和纵欲。为了减少问题父母和问题儿童的数量，人们提出了一个明显的解决方案：对那些被认为在社会性上、道德上或者生理上低劣的人进行绝育。

约翰·赫蒂（John N. Hurty）是美国公共卫生协会的前主席，他是美国绝育手术最坚定的支持者之一。监狱医生哈里·夏普（Harry Sharp）也是支持者之一。夏普曾在印第安纳州的改革中为囚犯们做过输精管切除手术。1907 年，赫蒂在全美率先推行了第一部优生绝育法。其他数十个州也紧随其后，通常被认为代表理性之声的机构——最高法院，将这种令人吃惊的侵入性方法应用到了基因库中。1927 年，在巴克诉贝尔案中，法院支持了弗吉尼亚州的绝育法律。本案的主体凯莉·巴克（Carrie Buck）"在法庭上被证明，由其血液中获取的证据显示，其家族三代人均出现了遗传性道德堕落、不正当性行为，以及精神缺陷"。

高级大法官小奥利弗·温德尔·霍姆斯（Oliver Wendell Holmes Jr.）为法院的"8-1 决定"撰写了著名的观点："这样做对全世界更好，而不是等着去处理他们那些犯罪的退化后代，或让他们因为自己的愚蠢行为而挨饿，社会可以阻止那些明显不适合这个社会的人继续繁衍下去。维护强制接种疫苗的广泛性，使其足以覆盖到输卵管的切除。三代人的愚蠢还不够多吗？"

保罗·隆巴尔多（Paul Lombardo）是乔治亚州立大学的法学教授，他研究这个时代已经超过 30 年了，他认为巴克的家族历史是被捏造的。巴克是被强奸的，她的女儿薇薇安（Vivian）在最高法院的判决中被描述为"低能"，而实际上她"非常正常"。然而，立法的浪潮和最高法院的许可证明是影响极大的。在 1907 年之后的四分之三个世纪里，印第安纳州通过了美国第一部优生学法律，1979 年美国已进行超过 6.5 万例绝育手术。据记载，像西奥多·罗斯福（Theodore Roosevelt）那样受人尊敬的官员也曾说过："社会没有理由允许退化的人来繁衍自己的种类。"

尽管罗斯福的声明听起来很令人愤慨，但这一行动还是很复杂的。隆巴尔多指出，优生学并非像美国那样的国家控制繁殖，或者像纳粹德国时期的种族灭绝；它是一项雄心勃勃的努力，正如 1921 年的第二次国际优生学大会的口号所描述的那样："人类进化的自我引导。"

隆巴尔多说："优生学这个词像炸弹一样。一提起'优生学'，人们第一时间想到的是希特勒。"隆巴尔多声称，优生学对大多数人来说并没有这样邪恶的含义。这只是意味着选择合适的伴侣和健康的宝宝。它不一定是可怕的。它是一种尝试，证明我们有办法了解发生的事情将有多糟糕，以及生出来的重病孩子的情况，他们的生活到底有多么无望，因为他们会英年早逝或者在社会上苦苦挣扎。

正是这种渴望让优生学变得更有吸引力。试试这个实验：随机抽取一些人，问他们：一个婴儿天生失明，是好是坏，或者是不重要？大多数人选择了中间选项。事实上，根据隆巴尔多的经验，有一长串的认知和身体残疾清单会让大多数人感到害怕或觉得"糟糕"。当他开始讲授遗传学的时候，他会在一开始就做一个小测验。"这里有十种情况，"他说，"按你想要避免的程度排列。"（尤其是对医生而言，最可怕的是智力残疾。）他接着说："如果我对大多数我认识的人做一个调查，富有同情心、正直的人大多会说，如果有一种方法可以避免这种情况，那么具有某些状况的孩子真的不应该出生。"

甚至连肯尼迪也承认，如果在他的女儿出生时，软骨发育不全有一种可行的治疗方法，那他和他的妻子会"毫不犹豫地"走这条路，如他们对待其他任何疾病一样。"基因多样性也许是人类的最佳选择，但如果能给贝基带来健康和正常的生活——没有背痛，没有瘫痪，没有呼吸系统疾病，没有听力损失，甚至没有骨科手术……没有地狱，不受歧视，不被人戳脊梁骨，人们不窃笑着议论她，试想有哪个父母会拒绝这样做呢？"

在美国，强制绝育手术在 20 世纪 50 年代达到了顶峰，随着研究人员开始质疑优生学的前提，即生物学是最重要的，这一行为才开始逐渐减少。基因只是让人心动的一部分，这是备受尊敬的遗传学之父维克多·麦库西克（Victor McCusick）在 2001 年所承认的真相："有些人可能会以决定论者的眼光看待基因组，相信人类的状况最终将被完全看作序列信息和计算的结果。我们不赞成这样的观点。"

现在，如果因为一个人贫穷，智力上有残疾，或者有精神疾病，就阻止她怀孕生育，甚至是剥夺其生存权，这种观念是不可想象的。但是优生学的幽灵并没有完全消失，只是措辞已经进化。当然，要记住，20世纪的绝育是强制的，接受者不能说不。现在，允许人们对后代做出选择的基因技术是允许人们自行选择的。没有人强迫任何人花费高额费用生出试管婴儿，或进行移植前基因诊断，使那些昂贵的婴儿更加昂贵。这些行为是自愿的，但首先只针对那些可以选择它的人。

事实上，人们可能会说，伦理问题不在于是否使用胚胎选择技术，而是如何扩大这项技术的使用途径。因为试管受精和移植前基因诊断这样的基因技术也许是昂贵的，但是基因突变并不会区分贫富。一个患有乳腺癌突变的女性，可以选择追随蒂娜·科贝尔的脚步，并利用科技来拥有一个孩子，且不会让孩子遗传到使患癌可能性增加的基因突变。一个贫穷的女人就没有这样的选择，她必须碰运气。

从本质上来说，当代优生学的目标——如果这个词是正确的，就是通过减少疾病发病率来减轻人类的痛苦。其借助的工具就是产前检查和像移植前基因诊断这样的基因技术，基因技术的进步确保生出的婴儿更有可能是健康的。传统的优生学和现代优生学的显著区别是后者缺乏制度上的强制性。今天，决定用哪些技术来影响将要出生的人的主体是个人，而非政府官员。

亚历山德拉·明娜·斯特恩（Alexandra Minna Stern）是密歇根大学的妇产科教授，也是《优生国家》（*Eugenic Nation*）一书的作者，她提出一种区分新旧优生学的办法。在遗传和社会学中心（Centre for Genetics and Society）组织的研讨会上，讨论对人类完善的追求时，斯特恩开门见山地说："我们过去拥有的是大写的优生学（Eugenics）。我们今天所体验的，更多的是小写的优生学（eugenics）。"

小写的优生学可能会像它大写的前身一样存在争议。每个个体都是不一样的，"设计婴儿"可能是另一个人改写家族毁灭性疾病史的契机。

我们为生活在一个科技带给人们更多选择和责任的时代而感到幸运。

随着检测变得越来越复杂，健康宝宝的门槛也在不断攀升。这不只意味着利用技术避免生出的孩子具有患乳腺癌的高风险或者有额外的染色体；一些父母还梦想着赋予孩子"积极"的特征——完美的身高，或者完美的声音。但是，这一切也伴随着对女性会轻易选择堕胎的担忧，比如，因为婴儿眼睛有"错误的"颜色就选择堕胎，这是荒谬的，甚至是不可理喻的。范德堡大学生物医学伦理及社会学研究中心的联合创始人、儿科医生艾伦·赖特·克莱顿（Ellen Wright Clayton）说："人们认为女性做出终止妊娠的决定很容易，这简直是对女性的冒犯。堕胎事关重大，终止妊娠真的是很重要的事情。我认为大多数女性都是这样认为的。"

The Gene Machine 03

医学界的"红字"

堕胎与基因检测的关系

HOW GENETIC
TECHNOLOGIES ARE CHANGING
THE WAY WE HAVE KIDS–AND THE KIDS WE HAVE

20 02 年 3 月的一天早上，验孕棒上出现的两条红线显示我怀孕了。可我对怀孕几乎一无所知，更别提养孩子了。几年之后，我才开始继续接触育儿知识，写关于儿童基因组测序的文章。不过，打那次怀孕开始，我一直接触的都是当时最前沿的科技，多亏了我的朋友塔丽，她的预产期比我的晚一周。

当时塔丽刚搬到我家乡北卡罗来纳州不久，她之前住在以色列，那里有标准的婴儿颈部透明带检查。我当时根本不知道这个检查是什么，但看到她生气的样子，我能感觉到这项检查很重要。这个检查是将胎儿颈后皮下组织内液体积聚厚度的超声检查和抽血检测相结合，以此推断胎儿患上唐氏综合征的风险。令塔丽气恼的是，这项检查在美国竟然还没有普及。没过几天，她告诉我说她已经找到了一个马上就具有进行这一检查资格的医生了。这个医生需要检查对象，塔丽和我就自愿报名参加了。

我很轻松地在检查单上签了字，没有认真去想检查结果要是呈阳性我该怎么办。但愿得到好消息，很幸运，结果正如我所愿。现在，十几年过去了，婴儿颈部透明带检查早已经过时了，很多更先进的检查技术出现了，那些曾经是最前沿的产前检查，逐渐都被淘汰了。

婴儿颈部透明带的检查结果让我和塔丽感到安心。但是，各种各样的产前筛查和检查并不总是让人安心。在曼哈顿中城的中心有一家诊所，离无线电音乐城不远，我亲眼目睹一对夫妇做了一个改变他们人生的决定。那位妻子40岁，有着高高的颧骨、深杏仁色的皮肤。她怀了一个小孩，已经12周多了。但是就在几分钟之前，在她和我一起坐到一间空荡荡的检查室之前，她怀的还是一对双胞胎。

她怀孕挺不容易的。她和她丈夫花了一年多的时间一直在试着用传统的方式怀孕，但没有成功，最后用试管受精的方式才怀上了双胞胎。一周前她做了微阵列分析，深入分析了这对双胞胎的基因构成状况。她说："我们借助科技怀孕了，一直到现在整个过程靠的都是科技，所以不做这个检查会留下遗憾。而且我是高龄孕妇，我想确保万无一失。"

她知道微阵列会暴露所有的基因问题，包括DNA序列的重复、缺失，这些问题都太细微，显微镜根本看不出来。有些问题确实让人担心，还有些问题目前医学还无法解读。微阵列分析还能检测出主要的染色体问题，其中最常见的就是唐氏综合征。

就算是40岁的高龄孕妇，100个孕妇里可能才会有一位生出唐氏综合征患儿。可这对夫妇却偏偏就是100个人里的那一例：她怀的一个宝宝已经确认多了一个第21号染色体，患上了唐氏综合征。

她对我说："你觉得这种事情不会发生在你身上，可它真的发生了，我到现在都无法接受这个事实。我们今天取掉了患唐氏综合征的那一胎。"如果孕妇并不想生下所有的孩子，她会把不想要的胎儿取掉，对这一行为大家的用词都很委婉，包括这位孕妇。很多医生把这叫作"减胎术"。这位孕妇正倚着一张检测桌在休息，同时反思着她这个减胎决定。正是有了新出现的各种检查，她才有可能做出这一决定。

"我觉得这是上帝的意思。我妈妈相信因果报应。我觉得这个孩子就只能活 12 周，他的苦难就此结束了。"她用胳膊肘撑着自己站了起来，看向她丈夫，接着说："然后我觉得我刚刚杀死了一个孩子。"

女人怀孕的事情一直存在，不过产前诊断——能够探测子宫内部的情况并给出关于胎儿健康状况的影像的技术，却是最近才发展起来的。产前诊断将羊膜腔穿刺术和超声波等医学技术，与基因和染色体方面的新理论结合了起来。不过 1973 年堕胎的合法化才真正加速了变化。毕竟，之前人们无权决定是否流产，产前诊断给出的信息主要是理论上的参考。可堕胎合法化后，人们可以选择堕胎。

虽然很多女性不会选择堕胎，但更先进的产前基因检测让终止妊娠成为可能，这一点不容忽视。人们讨论产前检查的不断进步会带来什么利弊时，都少不了要讨论对之前禁止堕胎的看法，以及这一看法会如何影响现在人们做出堕胎的决定。

说到产前检查，堕胎是大家都避而不谈的话题。我和对此感兴趣的同事还有朋友聊到我写这本书的事情时，有些人会说："你不会写关于堕胎的内容，对吧？直觉告诉我，你要是花大量篇幅写堕胎，就等于进入雷区了。"而有些人则会说："你肯定得涉及堕胎，怎么能不写呢？"

大多数关于产前检查的讨论都围绕着唐氏综合征，因为唐氏综合征已经广为人知了，它不像其他病症那样影响范围很小。在美国，每 792 个新生婴儿中就有一个患唐氏综合征。然而，与很多其他染色体问题相比，唐氏综合征被认为是一个相对较轻的遗传问题。第 21 号染色体是最小的染色体，所以如果是其他更大的染色体多了拥有第三条染色体的基因物质，会比多出 21 号染色体的影响要大。由任一染色体的三倍重复导致的遗传紊乱叫作三体综合征。所以，出现第 22 号染色体三体的婴儿，孕妇很可能不会把孩子生下来。

从 20 世纪 70 年代开始，很多流行病学家开始说服公众：唐氏综合征的规范化检查是健康问题的重中之重。从那之后，唐氏综合征产前筛查就被医学界广泛接受，接着孕妇及其配偶也接受了。2007 年，美国妇产科医师学会向所有年龄的女性提供基因问题的产前筛查和诊断服务，当然包括唐氏综合征。

这种做法有一个很明显的影响。2015 年，布莱恩·斯科特科（Brian Skotko）——麻省总医院唐氏综合征项目的负责人之一，发表了一篇关于美国唐氏综合征胎儿出生率的文章，给出了全面的分析。他和同事估计，2006—2010 年，由于可以选择终止妊娠，患唐氏综合征婴儿的出生率会比预计的低 30%。

是否把唐氏综合征胎儿生下来的决定，因不同地区以及教育水平的差异而有所不同。2015 年的调查表明，由唐氏综合征导致的流产率在美国东北部和夏威夷地区是最高的，美国南部地区是最低的。亚洲人最有可能因唐氏综合征而终止妊娠，拉美裔和印第安人这样做的可能性最小。

各种各样的产前检查已经出现几十年了，2011 年无创产前筛查也出现了，由于它更准确、操作方便，所以很快就普及了。短短几年，无创产前筛查（也叫作游离 DNA 筛查）就风靡了产前检测市场。之前的产前筛查是在怀孕后前 3 个月的后期，用一根长针或导管穿入宫颈口或腹部，或者在孕中期用一根长针穿过腹部；而无创产前筛查则是在怀孕后前 3 个月的中后期，通过一个轻松的静脉穿刺就能采集到足够的血样，据此判断胎儿的染色体是否完好，它的准确率高且不伤害子宫。在知道自己怀孕的数周之内，孕妇的血液里含有少量胎儿的DNA（无创产前筛查实际探测胎盘里的 DNA，这等同于胎儿的 DNA，它在母亲的血液里自由流动）。之后通过分析胎盘及母体中游离 DNA的数量，可以预测胎儿患唐氏综合征（它逐渐能预测出更多其他染色体问题）的风险，准确率高达 99%，尽管基于孕妇年龄的不同，准确率的定义会变得复杂，且存在细微差别。无创产前筛查是一项血液检查，它还能避免绒膜绒毛取样或羊膜腔穿刺术导致的意外流产——可能性很小，但非常吓人。

最开始只有 35 岁以上的孕妇才能做无创产前筛查，不过现在年轻点儿的孕妇也能做了。无创产前筛查已经发展成了一个价值 5 亿美元的产业，2020 年时有望涨到 20 亿美元。但是能否做这项检查在孕妇中差别很大，这要看谁能占得先机去看医生。收入较低的孕妇，由于缺乏途径，不像经济宽裕的孕妇那样能够定期进行产前护理。就算得到产前护理，有些人怀孕时间太久，已经不能进行筛查体检了。由于美国医疗补助的范围有地域差异，无创产前筛查或一些别的检查有些地方可能没有覆盖到。

真正重要的是，无创产前筛查出现之前，唐氏综合征婴儿的出生率就降低了。我们可以很合理地推测，由于现在的筛查检测无创且更普及，所以这一下降趋势很可能会持续甚至会加快。东弗吉尼亚医学院做了一项小研究，并将研究结果刊登在了《产前诊断》（*Prenatal Diagnosis*）杂志上，该研究认为无创产前筛查并没有在很大程度上影响唐氏综合征婴儿的出生率。2003—2011 年，即第一批无创产前筛查还没有出现在市场上的这八年间，东弗吉尼亚医学院（巧合的是，负责美国第一例试管婴儿的琼斯生殖医学研究所就在这里）附近的弗吉尼亚州东南地区，每年大约有 20 个唐氏综合征婴儿出生。无创产前筛查出现后 3 年的时间里，每年大约有 19 个带有一个多余 21 号染色体的婴儿出生。换句话说，产前筛查事实上并不会必然导致堕胎。

尽管准确度很高，无创产前筛查并不是完美的。它更不等同于诊断，只是一个筛查检测手段。胎儿 DNA 的数量如果低于预期数量，甚至母亲潜在的患癌风险都会让无创产前筛查变得复杂。只有绒膜绒毛取样或羊膜腔穿刺术可以给出确切检测结果。可孕妇或她们的医生并不总是能理解这件事。有时候，根据无创产前筛查的结果，孕妇认为胎儿受到影响了，几乎就要把胎儿拿掉了，却又发现胎儿竟安然无恙。专家指责企业对无创产前筛查的过度营销会误导孕妇和一些医师，让他们误以为无创产前筛查结果就等同于诊断结果。为了消除误解，美国妇产科医师学会 2015 年发表了一个声明，声明中强调任何阳性检查结果都需要通过其他检查，如羊膜腔穿刺术，再确认一下检查结果是否正确。也就是说，美国妇产科医师学会强调，堕胎的决定不能只取决于无创产前筛查的结果。

不过公众很少讨论如此普遍存在的产前筛查。科学历史学家伊拉娜·洛伊（Ilana Löwy）在一篇关于产前诊断的论文里写道："每一个胎儿（不仅仅是借助高科技才有的来之不易的胎儿）变化带来的结果对'处境危险'的个体的影响，医学专业人士都对此进行了大量测试和评估。"

在《纽约时报》的一篇题为"微波全息成像妊娠"的评论文章里，帕特里夏·沃尔克（Patricia Volk）感到很痛惜：她儿媳妇所有的产前检查显示妊娠一切正常，这让他们产生了一种受到保护的快乐感觉。她在这篇文章里叙述了一些很吓人但最后只是虚惊一场的超声波检查，所以她想：产前科学的确帮助了很多人以及胎儿，但是仅仅因为产前检查可以让孕妇知道一些信息，她就必须知道吗？一切都是为了宝宝好，可那每一张超声波扫描图却让人更紧张了。怀孕本来是人生最幸福的事情之一，结果现在这些检查却让人担心宝宝是否有问题，搞得人心惶惶的。

有些人很焦虑，可有些人会长舒一口气。有关做哪些检查、做多少检查的讨论取决于很多因素。事实上，有关"微波全息成像妊娠"一文的两封读者来信就说明了为什么这些讨论成了我们这个时代的医学和社会难题之一。阿拉斯泰尔·普伦（Alastair Pullen）在信中写道："鉴于这篇文章所说的各种原因，我妻子怀第一胎时，我们什么检查都没有做。"到了孕中期，他和妻子同意做一个超声波检查，结果发现女儿的情况很糟糕，出生后活不了太久。"面对这样一个令人痛苦的现实，我们决定提前把她生下来。"他写道，"我们给她起名叫贝克特，可惜是死胎。如果我们对她的情况一无所知，事情可能会更糟糕。"普伦最开始什么检查都没有做，可是他很庆幸后来改变想法，做了检查。他和妻子在后来再次怀孕时很乐意做检查，现在他们有了三个健康的孩子，他说："多做检查坚定了怀孕带来的喜悦。"

不过，另一位读者英格丽德·查菲（Ingrid Chafee）在来信中说她生孩子的时候，产前检查还没有出现。1965 年她生第一胎的时候，孩子竟然得了脑水肿和脊柱裂，这让她非常震惊。后来的手术治疗了很多损伤，但是孩子的身体还是有些问题。她儿子现在是牛津大学的博士。她在信中写道："儿子不止一次说过他很庆幸他出生时还没有超声波检查，不然就不会有他了。到底要不要做产前检测知道这些信息，这取决于每个人自己的决定。"

∞ ∞ ∞

"集体虚假"（Collective fiction）用来指谈到产前检查时，整个社会对堕胎都避之不谈的文化现象。20 世纪 90 年代初，加州大学洛杉矶分校的研究人员在杂志《胚胎诊断与治疗》（*Fetal Diagnosis and Therapy*）上发表文章时用到了这个词。当时，美国卫生和公共服务部计划向至少 90% 的孕妇提供产前筛查和咨询服务。在这篇发表的文章中，南希·安娜·普莱斯（Nancy Anne Press）以及加州大学洛杉矶分校精神发育迟滞研究中心的卡罗尔·布劳纳（Carole Browner）着重研究了加州孕妇接受或拒绝甲胎蛋白血液测试的原因，甲胎蛋白测试要比无创产前筛查出现得早（至今，较高的甲胎蛋白指数仍能说明胎儿存在神经管缺陷，比如脊柱裂，而这是无创产前筛查检测不出来的）。医学人类学家普莱斯和布劳纳认为，孕妇和她们的医生导致了"集体虚假"。他们错误地把产前检查归入了常规的产前护理范畴，否认了产前检查与人们选择堕胎之间的关系重大，也否认产前检查对优生学的影响。这样他们就可以规避争论不休的伦理道德问题，而且做检查也有正当的理由。

梅根·爱丽丝（Megan Allyse）是美国梅约医学中心的生命伦理学家，研究无创产前筛查的伦理道德问题。她认为 20 多年后，产前筛查的选择扩大了，但"集体虚假"仍然根深蒂固。她说："大家说得都很委婉，说产前筛查只是提供信息，并不涉及堕胎，但其实产前筛查与堕胎关系重大。甚至在网上孕妇讨论是否做产前筛查的论坛里，大家也是这种说法。一些孕妇会这样回应，'你必须尽最大可能保证自己有一个健康的宝宝。'"

也许我们用委婉的说法作为一种庇护，因为我们意识到产前检查可以让我们决定要什么样的孩子这事听起来有点奇怪。当然，产前检查并不能排除每一个可能出现的问题。有很多问题无法检查或者孕期检查不出来。但是血液检查、超声波以及腹部穿刺术都是为了提供最及时的、最佳的胎儿健康影像图。不过，很多情况下，比如常规的超声波检查，其结果认为我女儿大脑里的水泡有可能是 18- 三体综合征的迹象，但最后水泡自己变没了，这些影像图展示的情况根本没那么吓人。

假如你的车该换油了，你在那里等着换油，服务经理可能会让你也换一下空气过滤器，只要你人在那儿，他可能还会建议你给轮胎换下位置。不过，懂行的顾客不会主动说好的。

汽车的例子是遗传咨询师玛丽 – 弗朗西斯·加伯（Mary-Frances Garber）经常提到的。她喜欢把现在各种各样的产前检查比作中餐馆里丰富多样的中国菜。加伯在马萨诸塞州牛顿市的一家医院为看病的夫妇提供咨询服务。在她的私人诊所里，她提供私人咨询服务。有些组织帮助那些知道了产前诊断结果的夫妇调节情绪，加伯也会向这些组织提供帮助。由于现在产前检查越来越多，加伯认为有必要帮助孕期出现问题的夫妇度过不适期。她为之工作的某个组织就致力于帮助因产前诊断发现各种问题而终止妊娠的夫妇。这些夫妇虽然有不同的孕期问题，但每一对夫妇都得决定何去何从，这令人非常痛苦。

加伯说："在医院，我们无法把注意力放在病人的痛苦，或丧亲之痛上。这太奢侈了。现在可以检查很多东西，所以需要我们这样的组织帮助人们调节情绪，从痛苦中走出来。"从典型的痛苦反应到悲恸得不能自已，所有的反应她都目睹了。典型的痛苦反应是指父母发现自己的宝宝并不健康时的反应，这种反应是预料之中的。难过到不能自已的时候，人已经麻木了，痛苦就得不到缓解。很多夫妻的婚姻也会受到影响，因为面对这种痛苦，夫妻双方承受痛苦的能力不同，在这个过程中他们对失去挚爱的感受也不一样。加伯说："在我办公室里，我跟他们说痛苦是正常的，但我真的不想因此感到内疚。"

有一部分医务人员会默认孕妇都想做产前检查。加伯不止一次听说过这样的事：很多夫妻说他们同意签字做检查时，并没有完全搞懂检查是怎么回事。他们一旦同意做一项检查，别的检查就会接二连三跟着来了。了解信息多的孕妇乐于做各项检查，而其他孕妇可能会觉得可怕。很多夫妇都说他们做检查求的是心安，因为他们希望检查结果是阴性。他们很少认真想过如果结果是阳性该怎么办。

遗传咨询师可以告诉咨询者各种检查的不同之处，但是他们很少参与检查的初始阶段。他们扎堆在能雇得起他们的重点医学中心工作，而不是大多数女性接受医疗服务的妇产科办公室。一般的妇产科室并不聘请遗传咨询师，因为保险公司不会定期偿付他们的服务。但有些私人妇产科室与普通妇产科室不同，他们会聘请遗传咨询师，遗传咨询师又是实验室的受薪雇员，而实验室提供私人妇产科室使用的产前检查，所以这就有潜在的利益冲突。加伯推测，咨询服务的差异导致孕妇根本无法获取全面的信息。加伯主张自由选择人工流产，她说："我们不想把怀孕变成一种病。有些孕妇就像在跑步机上一样根本停不下来。一旦你做了血液检查，就等于上了跑步机。"

最近，加伯为一对不知道该怎么办的夫妇做了咨询。他俩一个倾向于受焦虑和恐惧的驱使做决定：担心孩子不能独立生活，得辞掉工作照顾孩子，担心因为孩子的问题得花很多钱。另一个随身带着胎儿的超声波影像图，希望遵从自己的内心。加伯让他们各自站在对方的角度考虑一下，去看看影像图，去直面内心的恐惧，然后再做决定，这样他们就能达成共识了。最后他们决定把孩子生下来。加伯说："我跟人们说，每次怀孕时，我们都想要健康的宝宝，但是有时候我们也会得到意外的结果，每一个孩子都会有未知的地方。"

瑞安·多切蒂（Ryan Docherty）就碰到了这种情况。我见到他时，他刚过一岁生日，他生日聚会时的米老鼠和艾魔（Elmo）气球还在房间里飘着。他最近刚开始学走路，喜欢把玩具、勺子或者任何东西扔到婴儿高脚椅的另一侧，然后开心地啊啊大叫，等着大人把东西给他捡回去。接着他又扔了，咯咯直笑。多切蒂有着淡蓝色的眼睛，粉嫩粉嫩的脸颊，毛茸茸的栗色头发，他表现出的正是他这个年龄该有的特点。

他的爸爸史蒂文·多切蒂（Steven Docherty）说："我们当时差点儿没把他生下来。他真是个奇迹宝宝。"

由于越来越多的女性现在可以接触到先进的基因检测，比如微阵列，堕胎的伦理道德问题会变得更复杂，因为这些检查可以查出现在医学还无法解读的基因缺陷。微阵列确定那位做了减胎术、深杏肤色的孕妇怀的一个孩子得了唐氏综合征。但是瑞安的基因缺陷比较模糊，确认他是否有问题比较容易，难的是认识通过微阵列查出来的子宫里的问题的重要性。

瑞安的妈妈珍·斯普莱斯（Jen Sipress）怀瑞安的时候做了微阵列检查。染色体微阵列分析可以测出遗传物质的减少或者重复，这些错误要比一个多余的染色体小得多。但小并不意味着不会带来毁灭性的伤害。有些与遗传紊乱有关，更多的还没发现会导致什么问题，因为这些遗传物质错误都是最近刚发现的，医学暂时无法解读；另一方面是因为根据现有的有限研究，它们似乎还没有造成伤害。斯普莱斯42岁，是纽约市的毒品检察官。她讲求证据。她的微阵列检查结果令人不安：瑞安具有不知道重要性的突变，瑞安的遗传特征受到他父母的双重影响。在将基因传给瑞安时，爸爸遗传的基因中有 6 个基因重复，妈妈遗传的第 15 号染色体有 4 个基因减少。总的来说，基因减少要比重复更让人担心。我们的身体一般可以应对某些多余的遗传物质，但却没那么容易应对意外消失的 DNA。更糟糕的是，这 4 个消失的基因中，有一个在医学上认为与儿童的智力和发育迟滞有关。可让人迷惑不解的地方在于：斯普莱斯自己也缺少这个基因，可她似乎没有受到任何影响。她工作很努力，将毒品贩子绳之以法，在家里挣钱最多。微阵列结果出来之前，她一直不知道自己有些基因竟然没有。但是基因，或者说基因缺失，对人的影响因人而异，这种现象叫作"基因表现度的多样性"。

在斯普莱斯和多切蒂做羊膜腔穿刺术收集胎儿细胞做微阵列分析前，他俩已经决定，如果检查结果是孩子无法独立生活，那就终止妊娠。检查结果出来后，他俩倾向于堕胎。不过跟荣恩·威普纳（Ron Wapner）医生谈了之后，他们改变了主意。威普纳医生就是之前为上文提到的那位怀双胞胎的妈妈看病的医生，他在《新英格兰医学杂志》（*New England Journal of Medicine*）上发表过一篇研究文章。斯普莱斯回忆道，当时威普纳这样说："人们来这里就诊，希望我打百分百的保票。百分百我保证不了，我能保证百分之八十。"于是斯普莱斯就说："我打算赌一把。"

从斯普莱斯和多切蒂的感情上讲，这段时期挺难熬的。瑞安是他俩的第一个孩子，经过两次试管受精才怀上。但是斯普莱斯并不后悔查明真相。斯普莱斯说："我不理解为什么就连 20 多岁的孕妇也不做这个检查。难道大家不知道，知识就是力量吗？"

知道瑞安存在基因缺失后，她丈夫的家人跟他俩交流了几次，很尴尬。斯普莱斯说："他们问我们孩子是不是有问题。我说严格来讲有问题，但目前孩子没有表现出任何症状。"为了保证孩子没事儿，多切蒂待在家里陪瑞安，他小心谨慎地照顾着瑞安，密切观察他的情况。

多切蒂说："我们现在还担心吗？当然。"每次瑞安的行为有什么不对劲，他们就会认为是缺失的基因在作怪。瑞安睡不好觉，但是很多宝宝都这样。这一点威普纳预料到了，所以他提前就告诉他俩，不要相信基因决定论。"威普纳告诉我们，做自己的事就好。如果真觉得有什么不对劲儿，那就行动起来。"多切蒂说，"说真的，我觉得瑞安没问题。"

我们检查残疾的目的是什么？一旦检查出问题，在"好"或可接受的问题与"坏"或无法接受的问题之间，有没有明确的分界线？我们如何确定哪些问题可能是堕胎的正当理由？哪些是可接受的理由？生下来一个遗传紊乱的孩子，有些人可能会觉得压力大得喘不过气来，而有些人则会觉得这是上帝的礼物。我们怎么判断这样的孩子对于什么样的人是礼物，对于什么样的人是负担？

虽然人人平等，但说有严重身体问题是一件好事，的确很牵强。正如保罗·隆巴尔多在前一章所说，如果可以选择，大多数人都不希望自己的身体有任何问题，也不希望自己的孩子有问题。约翰·霍普金斯大学伯曼生物伦理研究所前所长露丝·芳登（Ruth Faden）说："我希望我的孩子没有什么缺陷，这样说没什么问题，只要我们不认为身体有问题的人价值更低就行。"

已故生物伦理学家艾德丽安·阿什（Adrienne Asch）是一位非常有名的残疾问题研究员，她自己刚生下来没几个星期就失明了。她坚决反对产前检查，也反对特意把有问题的孩子流掉。但同时，她坚持生育和堕胎的权利。

这两个立场看起来自相矛盾，但阿什不这样认为。她认为，如果你不想要孩子，把孩子流掉了，这可以接受。但如果因为孩子有问题把孩子流掉，这不行。换句话说，如果你因为不想当父母把孩子流掉了，这是可以的，但是如果因为孩子有问题，你就流掉了，这是不行的。

阿什 1999 年在《美国公共卫生杂志》（*American Journal of Public*

Health）上写道："公共卫生部门过去努力提高女性、同性恋和少数族裔在社会公平中的地位，如果也同样支持加强残障人士所享受的社会公平正义，就应该重新考虑是否仍然允许产前诊断技术继续存在。"

精神病学家桃乐西·韦茨（Dorothy Wertz）认为这一观点有点讽刺。她在马萨诸塞州沃尔瑟姆市的尤尼斯－肯尼迪－施莱弗中心（Eunice Kennedy Shriver Center）工作。她研究了遗传学专家、医生以及有遗传问题的病人对残疾的态度。丹·肯尼迪在其关于女儿的回忆录中写道："为了回应艾德丽安·阿什关于基因筛查的评论文章，韦茨博士开玩笑认为，绝大多数堕胎都是因为遗传问题：胎儿的一半基因来自男人，而女人并不想跟这个男人生孩子。由于遗传问题而导致的堕胎略微不同，比如说，有些遗传问题很严重，有些并没有那么严重，有些其实只是因为胎儿的状况并没有达到夫妻俩对完美孩子的要求。"

∞　∞　∞

抛开堕胎的政治性问题不谈，从"错误出生"的角度看一看我们整个社会对残疾的看法是非常有益的。2012 年，莱加西医疗服务系统被判支付俄勒冈州波特兰市的一对夫妇将近 300 万美元。这对夫妇在莱加西医疗服务系统做了产前检查，但是他们的女儿卡兰妮特（Kalanit）出生后发现患有唐氏综合征。黛布拉·列维（Deborah Levy）和阿里尔·列维（Ariel Levy）起诉莱加西医疗服务系统，要求其赔偿损失，他们称给他们做绒膜绒毛取样的医生取样时错误地取了母体的组织，而不是胎儿的组织。如果他们之前知道女儿卡兰妮特生下来有残疾，他们会选择堕胎。然而，他们又说他们"深深地"爱着自己的女儿，将把这笔钱用来照顾女儿的一生。法庭宣布裁决时，黛布拉·列维开始哭了起来。《俄勒冈人报》报道说："我们看到，陪审团的一位陪审员忍着没让眼泪流下来。另一位陪审员希望他们平平安安。"

在美国，一半以上的州可以提起"错误出生"诉讼，但专家估计"错误出生"诉讼在美国一年只有几起。为什么这么少？因为提起诉讼的夫妻必须公开表明如果医生告诉他们孩子有问题，他们会把孩子流掉。这是一个很高的道德要求，尤其是在美国，公众可以在网上谴责吐槽。一个博主写道："列维夫妇已经有了两个儿子。首先，夫妻双方怎么可能同时说他们'爱'自己的孩子，但知道孩子有问题时还要把孩子流掉？……意思是在这个有一个多余染色体的小女孩厚着脸皮出生之前，他们全家都是健康完美的。现在可好，为了承担起养育她的负担，他们要得到赔偿才行。"

我们对残疾这一现象的看法差异很大，这取决于孩子有什么样的问题。我们生活在一个充满矛盾的社会里。有数百万人支持"报道残疾儿童"广告宣传活动，但这并不意味着如果这些人可以选择的话，他们愿意养育有问题的孩子。日益先进的基因检测带来的一个最重要的影响就是，怀孕时要不要做基因检测？如果做了，那么检查结果出来后该怎么办。这不只是关乎要不要孩子，还关乎要什么样的孩子的问题。

艾迪·莫夫特（Addie Morfoot）是布鲁克林的一位作家，她说她2010年怀第一胎的时候，对基因检测一无所知。在妇产科诊室，一位护士建议她做一下基因检测，看一看她是否有可能把一个有问题的基因遗传给宝宝。莫夫特听了这位护士的建议。她说："当时真的没有任何有囊性纤维化的迹象。"她筛查的一个问题就是囊性纤维化，尽管她家里没人得这个病。

莫夫特知道她和她老公都是隐性突变基因的携带者，也就是说他们俩不会受到影响，但是他们的孩子得病的概率是25%。在美国，有1000多万像他们这样的人，不知道自己是囊性纤维化基因的携带者。囊性纤维化患者的中位生存期是37.5年，但是医生告诉莫夫特继承她这个变异基因的宝宝能幸运地度过童年时期。

莫夫特做了羊膜腔穿刺术，检查结果确认她的宝宝（他们起名叫"安妮"）继承了两个有问题的基因。这让她异常痛苦，想来想去不知如何是好。但是在内心深处，她一直都清楚她会怎么做。对她和她老公来说，流产是唯一人性化的选择。她说："我觉得把这个宝宝生下来太难过了，宝宝会太受罪。"

到了堕胎诊所，莫夫特不得不向医生解释她绝非不想要孩子。打掉渴望已久但是健康状况不佳的孩子和打掉不想要的孩子是两码事，莫夫特想把两者划清界限。最后她对医生说："这个孩子有缺陷。"后来她向我倾诉："堕胎时，总觉得别人会认为我们不想要这个孩子，但事实恰恰相反。我感觉很孤独无助。"

莫夫特感到与世界形同陌路，但仍努力地寻找生活的支点。她很感激有携带者筛查这项技术，尽管当初签协议时自己还是一知半解。她记得当时一位护士建议他们做这项检测，随后递给她一个印有相关信息的小册子。她还记得因为其他原因抽完血之后，他还在往前走。"我虽然签了同意书，但其实对这些检测都是似懂非懂。"莫夫特如是说。

现在回想起来，莫夫特很疑惑为何保险只报销携带者筛查，却不怎么管植入前基因诊断，这项技术可以让准父母筛选出不带疾病遗传的胚胎。借助这项技术，蒂娜·可贝尔生下了女儿伊芙，并且避免了女儿携带乳腺癌基因突变。

莫夫特在网络杂志《沙龙》（Salon）上分享了她的经历，很快就被评论淹没了。给她留言的大多是囊性纤维化患者的父母，抑或是患有这种疾病的成年人，也有的一家老小都是患者。在加伯组织的一个支持小组中，莫夫特夫妇得到了他们一直渴望的宽慰和同情。在支持小组的房间里，每对伴侣都因基因检测查出了问题而不得不终止妊娠，他们倾听着彼此的故事，深感同情的同时也惊异于竟然有如此多同病相怜的人。

当然，产前检测越多，就意味着会有更多的准父母发现肚子里的胎儿有问题。与此同时，一些州为堕胎诊所设定了严格的标准，以期控制堕胎率，这样堕胎就会越来越困难。有几个州已经开始重新核定允许堕胎的标准。有的州还在观望，有的州已经着手制定法律，使禁止妇女因胎儿疾病或遗传条件而堕胎合法化。

2013 年，北达科他州首先通过法律，禁止医生和孕妇为了消除"遗传畸形"而堕胎。法律对于"畸形"的界定相当宽泛，几乎涵盖了理论上所有的遗传缺陷，但可行性还不甚明了。因为要确认妇女仅仅因遗传畸形而堕胎，法律上要承担很高的举证责任。即便如此，假如莫夫特家在北达科他州，她可能就无法终止妊娠了。医生们也忧心忡忡，他们认为这项法律侵犯了病人的自主选择权，妨碍了医生行医。伊丽莎白·纳什（Elizabeth Nash）就职于专门研究生育权利的古特马赫研究所（Guttmacher Institute），她的职责就是追踪生育方面的立法，她表示："如果因为莫须有的理由判定孕妇因胎儿畸形堕胎，那他们的麻烦就大了，因为流掉畸形胎儿都有文件记录的。"纳什说，病例会详细记录胎儿的疾病，但其实罗素诉韦德案（1973 年，罗素起诉地方检察官韦德，称得克萨斯州的堕胎法侵犯了女性的宪法权利。最高法院最终确认妇女有权决定是否怀孕，其权利受到宪法保护。这标志着美国堕胎的合法化）确定了孕妇直接堕胎的权利，她们不需要解释堕胎的原因和动机。尽管如此，俄克拉荷马州禁止因性别筛选而堕胎，并要求堕胎诊所在提交堕胎报告时写明该手术是不是为了性别选择。

2016 年，印第安纳州追随俄亥俄州和密苏里州的步伐，出台法规禁止因胎儿残疾而堕胎。这项法规禁止孕妇因种族、性别或残疾等原因堕胎，规定"对于因性别选择、胎儿疾病、唐氏综合征和其他残疾而堕胎的责任人实施行政处分和民事制裁"。法规中的"其他疾病"包括"遗传性疾病、缺陷和异常"。这项法规原定于 2016 年 7 月正式通过立法，但因一位联邦法官的反对而不了了之。即使这项法规成为法律，这项禁令也不一定能够真正被应用。

与此同时，大多数州要求孕妇在产前查完唐氏综合征后上报相关信息。作为这方面的专家，纳什正在研究哪些州正在计划制定哪些法律来禁止堕胎，她敏锐地认识到，产前检查已经改变了人们对于抚养残疾儿童的态度。产前检查这项技术出现之前，生好生坏孕妇事先不知道，因此也不用做养不养残疾孩子的决定。现在检查可以检出很多遗传异常情况，妇女们因此会面临痛苦的抉择和多重压力。这些压力有的来自那些努力为残疾人争取社会认同和尊重的残疾人权利活动者。"如果你说'我还没准备好担起养个有特殊需要的孩子的责任'，那些残疾人权利活动者会认为这是他们的一种失败。"纳什如是说。

目前至少有 14 个州禁止在怀孕 20 周后堕胎，其中三个州规定了例外情况，即如果检查出胎儿情况不具备存活条件，则允许堕胎。很难定义"不具备存活条件"的疾病种类，例如唐氏综合征似乎不算，而 18- 三体综合征则符合要求，因为患儿通常在出生前后死亡。即使侥幸活下来，大多也有严重的残疾。2012 年，宾夕法尼亚州长里克·桑托勒姆（Rick Santorum）在竞选共和党提名时，还从紧张的竞选日程中挤出时间，去医院照顾患有 18- 三体综合征的女儿。

晚期堕胎很少见，也更有争议性。怀孕 21 周后（即孕期超过 5 个月）堕胎的比例仅占堕胎总数的 1%。那些认识到事态复杂性的中晚期妊娠妇女决定堕胎后，都得去别的州求助为数不多的愿意做晚期堕胎的医生。

沃伦·赫恩（Warren Hern）医生是其中之一。他的博尔德堕胎诊所开在一座稍显破旧的土色建筑里，离科罗拉多州博尔德市中心不远，对面是一家全食超市。我摁响门铃进入大厅，在接待处看到为了防止访客窥探，房间的窗户安装的是镜子，百叶窗也紧紧关着。为了进入大厅，我抵押了我的驾照，为了安全目的，前台还留存了复印件。

赫恩医生正在做手术，我就在一个单间里等他。房间里摆了四把人造皮椅子，墙上挂的三张西南部产的挂毯都已褪色，架子上放着一个装安全套的容器，上面贴着标示："安全套免费，自取所需。"我挑了个红色的。

赫恩医生走进房间，他高个阔背，有一头浓密的银发，绿色的手术服还没来得及换下。想起加伯等人关于孕期过度医疗化的言论，我询问了赫恩医生的看法。我问赫恩医生，那些做了产前检查后来到他提供免费安全套、装着防弹玻璃的诊所的人们，有没有表达出后悔的意思？他们是否宁可像以前的人一样，不用面对如此艰难的抉择？赫恩透过他 20 世纪 80 年代流行的大金框眼镜打量着我说："没有，他们没有说过这种话。我一直支持多获取一些信息。"

赫恩医生在《产前诊断》上发表的一篇论文中列举了 160 种不同的导致堕胎的胎儿异常情况。他自己并不妄加评论，只要能确保孕妇安全，甚至孕期 39 周的堕胎他都能做。

他的很多病人都不做产前检查，有的是没条件，有的是心存侥幸，有的甚至绕开非侵入性产前筛查，却在随后的超声波检查中发现了问题。就在我造访的那一周，赫恩医生接到了法国和葡萄牙病人的堕胎申请。在法国，过了先期妊娠，必须要两位医生同意才能堕胎；葡萄牙则允许怀孕 10 周之内的孕妇堕胎，再往后就设置重重障碍。美国很多州都反对晚期堕胎，但科罗拉多州例外。赫恩医生说："孕妇找到我的时候，基本上说明没别的医生肯收她们了。"

由于运气不错，加上防护得当，到 2015 年，赫恩医生已经行医 40年了。那一年我见到他时，他说想举办个纪念日庆祝仪式，但却不肯告诉我具体时间，说怕反对堕胎的活动者们找麻烦。他解释道："如果让他们知道仪式的时间，我这命就不保了。"

在反堕胎人士的眼里，赫恩医生是魔鬼的化身；但在病人们看来，他却是救世主一般的存在。赫恩医生的对手坚决反对堕胎，而赫恩医生则拥护女性自主选择的权利。他说："应该由每个家庭来做决定，如果准父母知道他们的孩子可能有严重的残疾，他们应该有权利做点什么。"

∞ ∞ ∞

尽管因胎儿畸形而堕胎已经司空见惯，但残疾永远不可能从人类的基因库中清除。因为有的人不考虑堕胎，有的人根本不做产前检查。还有的人担心消除残疾运动；而有的人有着完全相反的忧虑，他们担心即使孕妇接受了产前检查，她们也可能会受言论影响，对抚养残疾儿童产生过于美好的前景期望。有些州明确规定孕妇不得因胎儿患有唐氏综合征和其他疾病而堕胎，至少 12 个州要求孕妇阅读由唐氏综合征患儿的父母写的信息，以便其提前了解情况。官方表示这一规定是为准妈妈获得更全面的了解，但实际上是为了预防孕妇一得知胎儿异常就想堕胎的行为。

在宾夕法尼亚州，这项规定又叫做"克洛伊法规"。克洛伊是一位唐氏综合征患者，她的父亲库尔特·康德里奇（Kurt Kondrich）积极推动这项法规的通过。康德里奇认为这些给接受产前检查的准父母看的信息应该及时更新，并且有理有据，不能表现出反对或支持堕胎的倾向，而应该注重提供真实靠谱的信息。他在博文中写道："产前基因检测技术日益精进，我想请大家思考一个问题：'下一个会是谁？因为不符合人类文化对于完美的认知而被认定为畸形、最终被消灭掉的会是谁？'"

这些法律虽然令很多唐氏综合征患儿的父母高兴不已，但却遭遇了包括州医疗协会在内的反对派的攻击——后者拒绝接受这种看似干扰医患关系的法律。有反对者认为，规定医生必须给孕妇提供某些资料其实和一些州规定孕妇接受堕胎手术前必须接受超声检查一样，都具有针对孕妇的其他政治意图。

《宾夕法尼亚州唐氏综合征产前产后教育法案》是 2014 年 10 月 1 日正式生效的，当时我正在考察费城儿童医院的产科特殊病房，这个机构可以提供产前诊断。遗传咨询师给了我一本州卫生署印发的宣传册，按规定所有在医院接受产前诊断的妇女都要人手一份。册子上有一张患有唐氏综合征但却神采奕奕的莫霍克男孩的照片，上面配有文字，介绍了唐氏综合征的出现原因、典型特征（如认知缺陷）及其他并发症。册子并没有讲孕妇在产前诊断之后可以做什么选择。一位为《费城问询者报》（The Philadelphia Inquirer）撰文的记者就这本册子提出了质疑："只要不提堕胎，就能说这些信息不带有一点偏见吗？"

很容易理解，为什么那些关心唐氏综合征的人士和唐氏综合征患儿的父母会支持这样的法规。如今唐氏综合征患儿占出生人口的比例越来越小，患儿家长自然会担心很多问题：如果患者减少，相关的研究资金是否也会减少？早期干预服务（early-intervention services）是不是也要缩水？患者会不会更难融入社会？生物伦理学家亚瑟·卡普兰认为这些立法（包括《联邦产前产后诊断知情法案》在内）都违背了遗传咨询的原则——中立性。

数十年来，一代代遗传咨询师都要掌握一种"非指导性的"艺术，即告知当事人并做出解释，然后让当事人自行决定怎么做。可见遗传咨询师算不上提供咨询，这个职业也该改个与之相称的名字。遗传咨询师不应该像传授知识那样提供太多的信息和建议，因为这些信息必然会影响当事人的选择。基于信息做出何种选择应该是当事人自己的事儿，与咨询师无关。

是否真如这类法律的支持者们质疑的那样，堕胎率的提高是因为遗传咨询师间接引导了孕妇？还是父母们因为担心孩子有精神和肢体缺陷而做出了理性决定？卡普兰总结了这类法规的基调："唐氏综合征患儿也许会面临诸多不便，但医疗进步、悉心照顾与社会资源都可以改善他们的生活。"这些的确是事实，但这并非全部情况。我们是否应该把遗传咨询从一种客观方法看成是一种观点呢？卡普兰认为这只是所谓的"滑坡效应"的一个开始，后续还会有更多的问题。如果有正面立法支持唐氏综合征患儿出生，那么有残疾孩子的家长就会聚集起来，争取属于他们自己的阳光法。

遗传咨询师里奇·刘易斯（Ricki Lewis）就曾写过一本关于人类基因学的著作附和卡普兰的观点，称遗传咨询师"如果对唐氏综合征做更多的正面陈述，或许会掩盖医疗科学事实，误导家长"。她的每一版书都曾记录有接受产前检查的人越来越多而患唐氏综合征的人越来越少的情况。她写道："我书里大部分关于21-三体综合征的信息都归在'非正常染色体'之下，在这点上我做不到政治上正确——'正常'指的是常见类型，而额外染色体并不常见。"

在她的书的第9版中，她引用了一项丹麦实验，这项实验发现"在引入非侵入性产前检查之前，2000年至2006年间唐氏综合征新生患儿的数量减少了一半，产前确诊数增加了三分之一，各类诊断检测数（包括绒膜绒毛取样、羊膜腔穿刺术这类比孕妇血液筛查更具侵入性的检查）减少了一半"。

在书的第12版中她讨论了克洛伊法这类法规，和卡普兰一样认为"如果法律强制遗传咨询师多讲讲那个敲木琴的小孩儿有多么健康快乐，而不怎么提那些蹒跚学步的幼儿是如何因心脏手术和白血病而留下伤疤，那么关于多有一条21号染色体的生活，恐怕家长们上了咨询课也只是接受了一些被曲解的人生观"。

∞ ∞ ∞

你是否还记得在生物课上看到的细胞分裂，那是美妙的生命足迹，正是细胞分裂这一过程产生了人类的配子——男人的精子和女人的卵子。可遗传咨询师玛丽·林登（Mary Linden）却不这么认为，她在自己开设的生殖进修班做了这样一段漫不经心的开场白："是时候回去读读大学了。"进修班在颇负盛名的科罗拉多生殖医学中心举办，到场的有六对夫妇和两个单身女子。时值2014年的夏日，进修班里的女性可谓百花争艳，个个都费力地提着普拉达或是其他奢侈品包，穿着登山靴；还有两个男人是陪妻子来的，却并不专心，总时不时偷瞄一眼手机上德 – 美世界杯的最新消息；他们 10 点来上基因必修课是因为他们想要个孩子。因为各种原因，事情的发展并不总是如预期的那样，他们来这儿是为了寻求帮助。这家生育诊疗所设在积雪盖顶的落基山脉山麓小丘之上，还吸引着国内外众多的患者。吸引他们来的不是这里的美景，而是这个诊疗所一直高于同行的成功率，而且这种成功率是在患者平均年龄为 40 岁的情况下实现的，要知道医生们普遍认为 40 岁早已过了怀孕安全期。

细胞减数分裂这个术语人们只在刚学生物学时会听到，之后就很少接触了，因而林登会给学员们从细胞分裂的基本知识讲起，讲 DNA 复制螺旋，染色体分裂，以及基因物质片段交换。这个过程就像一个发条装置，染色体会拆分又重新组合，所以我们长相各异；正是基因交换使我们与众不同。但正如大脑老化记忆力就下降一样，卵子老化就会处理不好细胞减数分裂这一复杂精细的过程。染色体重组一旦出错，就会产生偏差，其影响可能是巨大的：染色体错误是导致流产的主要原因。

这些学员中有很多女性怀孕过，且都经历过多次流产。由于接受生育诊疗的女性常常要比普通孕妇更频繁地进行检查，她们的经历对于那些犹豫是否选择产前检查的患者具有指导意义。在进修班里，学员们会了解到一种叫作全面染色体筛查（CCS）的检查，这项检查可以对培养皿里刚受精几天的胚胎进行分析，配合移植前基因诊断，筛选出健康胚胎。只有染色体数目正确的胚胎才会被植入母体子宫，而按照诊疗所的规定，那些染色体不正常的胚胎是严禁选用的。由于排除了染色体不正常的胚胎，堕胎率自然就下降了。

这就产生了一种不同的繁育动力：自然受孕的妇女不能完全避免染色体错误（学术上叫作非整倍体），因为她们不能控制哪个精子和哪个卵子结合；但试管受精就可以进行全面染色体筛查。在科罗拉多生殖医学中心，90% 的人选择做这项检查，从几天大的胚胎中小心取出一些细胞用以分析正常或整倍体的数量。"我们在每个人的细胞中都能找到非整倍体，"林登的话让许多人感到惊讶，"而在这里我们只会移植整倍体。"

通俗地讲，接受了染色体筛查，孩子不存在大的染色体问题就得到了保障，有唐氏综合征的胚胎也一定会被预先排除掉。在科罗拉多生殖医学中心没有染色体存在多余或者缺失的孩子诞生，一旦染色体数量不对或者排序不对（在医生看来，如果任何一条染色体上有错误且这些错误会导致胚胎无法在母体中度过前三个月），这些胚胎就不会被植入母体。因而在科罗拉多生殖医学中心及其他试管受精诊疗所里接受全面染色体筛查或者类似检查的人越来越多，诊疗所通过移植染色体正常胚胎也能够减少堕胎的概率。在这种情况下，这类筛查可以绕过伦理观念的阻碍，成为决定哪一种胚胎能发育成婴儿的裁决者。生物伦理学大师马克·里奇（Mark Leach）的女儿就患有唐氏综合征，而他曾评价说："这种筛查是一种极度的狂妄，自己的人生就应该自己做主。"

在我看来，只允许染色体正常的胚胎发育为婴儿的决定会涉及伦理上令人担忧的决定；如果你很喜欢的兄弟患有唐氏综合征，而你也很愿意要一个像他一样的孩子，你会怎么办？但有些人，比如科罗拉多生殖医学中心的创始人威廉·斯库克拉夫特（William Schoolcraft）就认为优生学是最优选择，而他本人就在从事培育健康婴儿的事业。他通过只移植染色体正常的理想胚胎使流产率大大减少，而较低的流产率正是业界成功的标志。如果说移植前基因诊断是为了根除家族遗传病，那么全面染色体筛查就是为了提高活产率，给家长和诊所带来好处，这两者有很大区别。

研究显示，全面染色体筛查确实能够降低流产率，提高活产率。移植前基因全面染色体筛查专项技术的开发者曼迪·卡茨－家福（Mandy Katz-Jaffe）说："这项检查不存在争议，因为我们都知道非整倍体会导致妊娠失败，而我们的目标就是染色体正常的健康活产。"

　　这样说吧，谁不想要个健康的孩子？杰森·伊力特（Jason Elliott）就和妻子来到了科罗拉多生殖医学中心寻求试管受精并接受全面染色体筛查，他说："人得迈过心里这道坎儿，我们当时就想，'好吧，我们还是要向科学低头。'"

　　你们会利用基因技术确保孩子没有唐氏综合征吗？如果你有方法可以治疗或者治愈一种疾病，你还需要预防吗？在波士顿，人们已经在努力研究治疗唐氏综合征的方法。当地的待孕父母和研究者们也存有上述疑问。

沉默基因

唐氏综合征的未来

2013 年 7 月 16 日，正是细胞生物学家珍妮·劳伦斯（Jeanne Lawrence）占据世界新闻头条的前一天。她在这一天发送了两封重要的电子邮件，其中一封被送到了梅丽莎·赖利（Melissa Reilly）的家里，这是一个患有唐氏综合征的 20 来岁的女性。劳伦斯之前曾邀请赖利来为自己一年级的医学生做讲座，主要是关于在身体的每一个细胞里，一个本该有两条染色体的位置却有了 3 条染色体是怎么一回事。另一封邮件则被送到了马萨诸塞州唐氏综合征大会（MDSC），这是一个全国范围的关系网络，成员们都是最活跃的拥护者，他们支持那些多了一条 21 号染色体的病人。几个月前，在一次平常的谈话中，劳伦斯告诉唐氏综合征大会的执行官莫林·加拉格尔（Maureen Gallagher），自己已经参与到唐氏综合征的研究中来了。对于在重点学术研究中心工作的科学家来说（比如劳伦斯所在的位于伍斯特的马萨诸塞州大学医学院），这件事并不寻常。出于礼貌，劳伦斯提前把自己的研究成果告诉了赖利和加拉格尔。

这绝不是一个普普通通的研究成果。

2013 年 7 月 17 日的波士顿，异常潮湿。随着时间缓慢地流逝，35 摄氏度的温度正如一个恰当的隐喻，预示着来自唐氏综合征社区走漏的消息。美国东部时间下午 1 点，著名的《自然》（*Nature*）杂志公布了劳伦斯及其同事在马萨诸塞州大学的工作成果，他们成功地沉默了唐氏综合征中 21 号染色体的多余染色体。这一成果在一个有盖培养皿中上演，并非在人体内，但这仍被认为是一个极具潜力的治疗唐氏综合征的开创性工作。

唐氏综合征，正如我们看到的，是由一种多余基因引起的混乱。太多的基因使得细胞调控蛋白产物变得异常困难。这种过剩导致了智力残障以及活动困难，一半患儿会出现额外的心脏缺陷，其中有一些需要外科手术来治疗。相对于其他疾病而言，患有唐氏综合征的人同样具有更高的患白血病以及阿尔茨海默病的风险。但在过去的 30 年间，医学界治疗唐氏综合征病人的手段发生了翻天覆地的变化，早期干预与药物治疗方法的改进大幅提高了唐氏综合征病人的生活质量。以前，由于先天性心脏病，这些病人通常在 20 多岁就会离开人世，但是他们现在能够正常地活到 60 多岁。总的来说，对于唐氏综合征病人而言，生活质量显而易见得到了很大的改善。而现在，轮到劳伦斯出场了，她提出唐氏综合征中多余的 21 号染色体可以像关掉一个开关那样被关掉。

为了尽快弄清这项成果的影响，加拉格尔找到了负责计算唐氏综合征婴儿出生率降低情况的布莱恩·斯科特科。斯科特科共同指导了马萨诸塞州医院的唐氏综合征研究项目，但是他并没有参与到劳伦斯的研究中。他的姐姐患有唐氏综合征，所以他已经发表了许多文章来说明家人会珍惜患病的亲人。"我问布莱恩，'你觉得这项研究的意义在哪里？'"加拉格尔说道，"他是这样说的，'我认为，自唐氏综合征被发现是由于 21 号多余染色体造成的以来，这是最为重要的进步之一。'"

劳伦斯的研究表明，当把一个特定的基因插入到那条多余的 21 号染色体上时，大脑细胞显示出显著的增长情况。她的工作内容包括在实验室中修补人类细胞，但她的目标是在怀孕期间、生育过程中以及胎儿出生后干预细胞。作为一个负责任的调查人员，劳伦斯并没有吹嘘自己的研究成果能够治疗唐氏综合征。她清楚地表明自己的发现具有帮助唐氏综合征患者解决部分问题的潜力，并非颠覆了现有生物学的基础。但来自科学家们以及唐氏综合征患者父母们的声音却十分热切，其中也不乏一些质疑的声音。这些声音太过嘈杂以至于加拉格尔不得不做些什么，比如发布一个公告，来使现有的波涛平复。所以，她给唐氏综合征大会的 4000 位成员发布了一个简短的通知，以此确认每个人现阶段的想法。通知中说道："虽然这是一个激动人心的发现，但它同样会带来许多伦理学上的或者情感上的问题。"这其中最主要的问题就是：父母们是否愿意给自己患病的儿子或女儿"关掉"这条多余的染色体。

使问题更加复杂的是劳伦斯的发现以及加拉格尔的公关攻势，他们对于近来越来越复杂以及富有争议的产前检测呈现出反对态度。非侵入性产前检测现在可以在胎儿出生之前的早期妊娠阶段就测出患有唐氏综合征的胎儿，这比之前的检测母亲血液中的蛋白以及激素的手段要早 6 周左右。

早期的发现当然会伴随着早期的治疗手段（我们假设治疗手段是可行且可靠的），包括早期的堕胎。"大多数患者家庭都在积极寻找机会，以帮助自己的子女获得一个更加充实、丰富的人生，而突然之间，科学进步使得这个社会开始质疑他们子女的生命价值。"加拉格尔在写完给成员们的信几天后告诉我，"我们有这样一些家庭，在孩子出生之后，就在积极地寻找各种治疗方法。同时也有不想改变孩子，不想寻找治疗手段的家庭。我们尽量对这两边都保持密切关注。"

加拉格尔的信收到的反馈既有感激也有表达困惑的。一些家长认为这项突破就像科幻小说一样，另一些人则拒绝改变自己的孩子，还有一些人对这一事件感到好奇并想要了解更多。"这封信引起了很多种情绪，一部分家长显得悲伤，因为唐氏综合征的未来已经被改变了。"加拉格尔说。

∞　∞　∞

在 1961 年，早在"政治正确"这个词语加入通用词典之前，几位声名显赫的基因学专家给英国医学杂志《柳叶刀》(*The Lancet*) 写过信，要求改变用来称呼拥有 3 个 21 号染色体的词语——"蒙古痴呆症"。唐氏综合征正是这几位专家建议的名称之一，这个名称来自英国物理学家约翰·兰登·唐 (John Langdon Down)，他是第一位用图像鉴别这种情况，并用测量值准确描述有这种病症的人的头部以及面部特征的人。根据专家们的讨论，蒙古人相比于其他人群在基因学上并非更加倾向于拥有 3 条 21 号染色体。蒙古政府早前对世界健康组织表达了不满，但并没有得到什么回应。而这一次，世界卫生组织默认了改变这一称谓的做法。

虽然唐氏综合征这一名称来自约翰·兰登·唐，但实际上却是由杰罗姆·勒琼 (Jerome Lejeune) 以及他的同事们首先指出了引起这一现象的真正原因。1958 年，这位法国基因学家发现了 21 号染色体的多余复制才是基因功能的"麻烦制造机器"。但在 2009 年，距离这个发现 55 年之后，文章的第二作者法国物理学家玛尔特·戈蒂耶 (Marthe Gautier) 以第一作者的身份在《人类遗传学》(*Human Genetics*) 杂志上发表了一篇声明，她称实际上是她首先观察到了这条多余的染色体，而并非杰罗姆·勒琼。"这并没有妨碍勒琼得到主要的赞扬。"她写道，"我怀疑这是政治干预，我并没有错。"但是杰罗姆·勒琼的支持者们并不接受她的声明。

女性会因为孩子患上唐氏综合征而终止妊娠，这令唐氏综合征的拥护者们感到震惊，他们同样担心早期的关于唐氏综合征的知识会让这样的堕胎行为更加普遍。即使很多人对于我们在前几章提到的小册子（关于患有唐氏综合征的可爱孩子以及一些可以期待的基本信息）感到满意，他们仍然感到对于患有唐氏综合征的人们来讲，这是一种耻辱。为了与这种观念做斗争，唐氏综合征大会与一个无线电台 PSAs

（一个新的网站），还有一个被称作"你的下一颗星星"的电视广告节目，共同策划了一场公众意识运动，目的是在工作中"增强唐氏综合征患者的力量"。这一活动具有双重目的：一方面，要让雇主们意识到患有唐氏综合征的人也是可以努力工作的，是可靠的雇员；另一方面，要让唐氏综合征患者的家庭成员们相信他们的孩子同样会是对社会有贡献的人。如果父母对于孩子们的未来担忧更少，如果他们被鼓励自己的孩子也能有一个有意义的人生，也许能减少堕胎行为。

目前关于如何减轻唐氏综合征病症的研究，使他们更加急迫地想要了解信息。这些发展既令人兴奋，又令人担忧：一方面，拥护者们认为越来越多的治疗途径对于唐氏综合征来讲是件好事，因为这既可以给患者们带来好处，也可以让选择堕胎的父母更少；但另一方面，一些人认为这不是一件好事，因为治疗这些多出一条染色体的人就意味着，这些人不同于正常人，他们是天然的少数。

在马萨诸塞州大学，劳伦斯一直都在研究如何沉默这条引起唐氏综合征的染色体，主要是在实验室中研究小鼠。距此地一小时车程、位于波士顿的塔夫茨大学医学院，戴安娜·比安奇（Diana Bianchi）测试了不同药物在唐氏综合征模型小鼠上的作用，试图改善其在子宫中的病征。在城镇的另一端，在麻省总医院，斯科特科正在招聘参与者，被录用者将与他们一起研究药物治疗是否可以提升唐氏综合征患者的认知功能。这项研究以及其他相关研究都在加剧唐氏综合征社区紧张的争论。如果它在科学上是可以的，是不是意味着多拥有一条染色体就应该被修复呢？

有一些父母坚决反对，许多人对于"改变"自己的孩子这件事感到十分困惑和矛盾。但这些人肯定不包括卡洛琳·布里斯托·亨特里安（Carolyn Bristor Hintlian），在她看来无论如何都不会有矛盾。如果一个母亲的工作就是使自己的孩子成功，为什么她不去做任何可能促使孩子成功的事情呢？

亨特里安在 32 岁时生下了她的第一个孩子詹姆斯。她那时候还不到医生建议采取羊膜腔穿刺术的年纪，35 岁或以上才是女性被建议的手术年龄。

那是 1995 年。那时人们还远不能在女性孕早期通过血液测出婴儿是否患有唐氏综合征。詹姆斯出生后被发现患病是一件令人极其震惊的事。在詹姆斯出生后几个小时，亨特里安叫来了她在怀孕期间认真选择的儿科医生进入她在医院的房间。这时已经是星期五的傍晚了，那个医生用手紧紧地抓着自己的大衣，表明这仿佛是他最不想要在世界上呆的地方一样。这位医生没有坐下来，他告诉亨特里安和她的丈夫，从扁桃体的形状以及孩子上斜的眼睛来看，他怀疑孩子患有唐氏综合征。"我们来自世界的顶层，有着完美的生活和蓬勃向上的事业，还有一个即将到来的宝宝，但是突然之间一切都变了。"亨特里安说，"我们很害怕。"在他们待在医院的剩余时间里，护士们尽可能避免与这家人交流，就好像他们不知道该说些什么。

詹姆斯几周大的时候，一位遗传学家对他进行了检查。

"他能够做什么呢？"亨特里安问医生。

"他能够做好一个花生酱三明治。"医生回答。

20 年后，亨特里安仍然记得当时听到医生的论断时有多么痛心。"那是毁灭性的。"亨特里安说。但是这些年过去了，这件事逐渐变成了家庭里的一个笑话。詹姆斯钟爱花生酱三明治，但直到最近他才会自己把花生酱抹到面包片上，并把它们加入到午餐里。"他当然能够做好一个花生酱三明治了，在去年他才真正开始做这件事，因为他以前都是管着别人来做这件事的。"亨特里安说，"我们开玩笑说他实在太聪明了，做花生酱三明治简直大材小用。"

亨特里安辞去了她作为一位食物科学家的工作，在家里陪伴詹姆斯。这本来并不在计划中，但是从她得知自己的孩子患有唐氏综合征的那一刻起，她就决定了，没有人可以比她更能胜任鼓励并与詹姆斯一同工作的事了——这是所有治疗方法中最能促进唐氏综合征孩子发展的做法。于是这便成为了她的全职工作。"如果他正在睡觉，我就感到我必须要学习了。"亨特里安说。

对于一个刚刚成年的人来说，詹姆斯的讲话显得难以理解，亨特里安当然感到了詹姆斯比其他唐氏综合征患者的智力发育有所延迟。她说到这一点的时候其实是基于直接的比较：在詹姆斯来到世界的20年间，她就接触到了许许多多患有21-三体综合征的人。詹姆斯感受不到阅读的乐趣，尽管他可以浏览母亲的日志，并能够挑选出"鸡肉"这个词——这是菜单上他最喜欢的一种食物。

在詹姆斯的整个生命旅程中，亨特里安都在关注唐氏综合征研究的新进展，所以当她听到关于斯科特科正在测试一种可能有助于提升记忆力、演讲能力以及成年人（18~45岁）学习能力的药物时，她显得很激动。"我觉得人们会蜂拥而去，所以我发了邮件，打了电话。我想要詹姆斯参与到这项研究中去。"亨特里安说。她并没有询问詹姆斯是否想要参与，因为对于詹姆斯来说，参与到一项研究中去这个概念太过抽象，他无法理解。她这样合理地解释她的决定："在詹姆斯的一生中已经有足够多的医生了，再多一个又有什么关系呢？"就这样，詹姆斯在2014年年初报名了。

结果出来的时候，人们并没有蜂拥而至。人们担心这一研究项目的副作用，想要让其他人先作为参与者。只有6个家庭在麻省总医院报名了，亨特里安是第三个报名的。

亨特里安很难想象詹姆斯能独自一个人生活，虽然这是她和她的丈夫都希望的。哪个母亲不会这么想呢？

她在这个用过渡疗法的药物研究中给詹姆斯报了名，她一点都不担心，她知道唐氏综合征社区对斯科特科评价很高，并且斯科特科指出，如果有大的副作用的话，他是不会用这个药物来进行测试的。如果这种药物治疗能起作用，她希望可以在詹姆斯身上起作用。但如果没有丝毫疗效呢？好吧，其实詹姆斯的情况也不会更糟。

这个过程中有一个稍微复杂的情况：詹姆斯可能是世界上最不合作的病人了。亨特里安非常迫切地希望詹姆斯能够参与到研究中来，但她忽略了一件事，就是没有告诉研究负责人，她的儿子在过去 20 年间，没有吃过一片药丸或者同意过任何抽取血液的行为。像其他唐氏综合征患者一样，詹姆斯能感知问题并且不喜欢被触碰。但是这项研究需要每天吃药丸，并且每次来门诊都要抽取血液样品。"詹姆斯第一次来的时候，场面就像是一个竞技表演。"麻省总医院药物试验协调人玛丽·艾伦·麦克多诺（Mary Ellen McDonough）说，"血液抽取的过程就像是在地狱待了几个小时一般。我做小儿科护士已经 42 年了，从未遇到过这种情况。"她通过网络电话求助于詹姆斯最喜欢的老师——凯尔先生，他在麦克多诺抽完血之前一直努力使詹姆斯镇定下来。"我在看到血液就如我希望看到的那样时高兴坏了，'上帝啊，感谢你'。"麦克多诺说。其他时候，玛丽·艾伦通过家庭猫里的网络电话联系克拉拉，还有詹姆斯的兄弟姐妹，他们比詹姆斯小 2 到 4 岁（他们没有患唐氏综合征，这种情况很少遗传）。"詹姆斯，你非常勇敢。"他们在电脑屏幕前鼓励詹姆斯，"你一定可以做到的！"

唐氏综合征患者的舌头通常比普通人的大，并且显得突出，这使得他们吞咽药丸更加困难。但是麦克多诺帮助詹姆斯克服了他的呕吐反射，最终詹姆斯能够吞咽药物了。对于詹姆斯的母亲来说，这是唯一可能的结果。"不论有什么困难，那个孩子正在吃下药丸并配合血液抽取，"她说，"我不想让人觉得我是一个怪物母亲。只是生活到了这样一个阶段，他必须掌握这些生活技能，并且，即使面对再大的困难，他也要掌握它们。这就是我的态度。"

最好的实验研究应该是双盲的且有安慰剂控制的，就是说参与者们应该被分为两组——一组服下实验药剂，另一组服下安慰剂。参与者们与研究者们都不知道哪一组服下了真正的药剂。如果他们事先知道哪一组服用的是药物或安慰剂，科学家们以及参与者们，还有他们的家人以及老师，都可能会受影响，从而认为药剂正在发挥作用。

在研究过程中，詹姆斯的老师很自信地认为他们在詹姆斯身上看到了一些改变。亨特里安和她的丈夫杰米对此却不那么确定。但是在研究结束之后，他们也确信了。詹姆斯的思维似乎变得更加敏锐，他的语言选择更加精确了。他在对话中用到的词语组合是他以前从来没有用过的，并且他说的话也更多了。他在一项数学测试中表现得更好了，他开始意识到他身上发生的一切。"就好像他获得了一些 IQ 点数一样。"他的妈妈说。

最终证明，亨特里安的观察结果不仅仅是一种巧合。实验一结束，麦克多诺就告诉詹姆斯的家人，詹姆斯服下的确实就是测试用的实验药丸。

事实上，在麻省总医院的全部六位研究参与者都收到了试验药剂，虽然直到实验结束后，大家才知道这件事。其中四个参与家庭早就确信家人服下的是试验药剂，另外两个家庭则不那么肯定。但绝大多数父母都报告称，在他们知道孩子服下的是试验药剂之前，就观察到孩子的分裂型行为减少了，孩子们变得更加机敏了。"没有什么改变了詹姆斯，"亨特里安说，"这只是把他内在的东西释放出来了而已。他可以交流得更好，理解得更好，他说出了自己的感受。他的人格还是与先前一样。"

麦克多诺说："首批试验的六个家庭是先驱者。唐氏综合征患者从未尝试过临床试验，这来得其实有点太晚了。"

这项研究可以说是之前多年在实验室里关于小鼠和人类细胞工作的一个重要结果。这个过渡研究是第一个关于青蟹肌醇（scyllo-Inositol）的重要实验。青蟹肌醇被认为能够提高工作记忆，并可能延缓阿尔茨海默病。斯科特科也参与到了测试药物的工作中，药物是由罗氏集团（F.Hoffmann–La Roche）制造的，针对的是 6 岁左右的唐氏综合征患者。

对于寻找治疗唐氏综合征病人智力延迟的方法，人们的兴趣重新燃起。在凯斯西储大学，神经学家阿尔贝托·科斯塔（Alberto Costa）的女儿也患有唐氏综合征，他正在积极地寻求一种不同的药物，他认为这个药物十分具有前景。澳大利亚科学家也正在研究另一种药物。同样在达拉斯，在得克萨斯州西南医药学中心大学，医生们正在探索百忧解（一种治疗精神抑郁的药物）在女性怀孕期间是否可以促进患有唐氏综合征胎儿的脑部功能发育。

我们让养育唐氏综合征患儿的父母们去考虑测试各种治疗药物，这些药物可能使孩子们变得更加机敏，能够记住更多的事情并处理另一些事情——在某种意义上，使他们变得更加聪明。如果我们为其他人（儿童或者成人）提供同样的促进手段，这件事就不可避免地产生关于"设计胎儿"的问题。我们会争论提升智力一事的正当性。但是从最近的情况来看，这跟各地的父母为最大化孩子潜能并增加他们适合的机会而做的事有什么不同吗？我的儿子四岁半就开始学习小提琴和铃木课程（Suzuki lessons）了。他在幼儿园的时候，当交响乐团的成员们在光明节音乐会上演奏时，他可以全神贯注地坐在那里，之后他就开始学习小提琴和铃木了。但是我支持他的兴趣，同时我忍不住回想那些数不清的关于音乐课程和数学技巧之间的关联研究。总体上讲，我们在加强体育、舞蹈、艺术、下棋的训练上已经投入了数百万美元，我们努力拓展孩子的视野，给他们更多的机会。难道药物为唐氏综合征孩子做的事有什么不同吗？它们本质上难道不是一种使机会更加公平的做法吗？

"相较于科学的决定，它更像是一个哲学上的决定。"斯科特科说，"这么长时间以来，我们都在告诉父母们，我们与他们在一起，庆祝并接受他们的儿子或女儿固有的天性。现在我们告诉他们，我们仍然在为此庆祝，但是我们同时也可以提供一个可以使子女们潜能最大化的机会。一些家庭可以轻易地在这两种观念中调和。他们仍然庆祝但同时又为子女提供最大化潜能的机会，这没有什么矛盾的。亨特里安就是这样的。但是，其他一些家庭就想知道，他们是否会从天性上改变拥有多余染色体子女的基础本质。"

斯科特科把研究告诉了自己的姐姐——克里斯汀（Kristin），她已经 36 岁了，患有唐氏综合征。他的家人住在俄亥俄州，来波士顿一趟不容易。波士顿是斯科特科定期监视研究进展的地方。但是对于研究前景，斯科特科说他们"能够接受并且很是激动"，如果有更近的实验对他们开放的话，他们会报名参加。

斯科特科帮忙测试的过渡疗法药物可能会让我们更好地理解唐氏综合征和阿尔茨海默病之间的联系。许多科学家怀疑阿尔茨海默病部分是由 β 淀粉样蛋白斑沉积引起的，而这是由 APP 基因编码的。APP 基因是一种定位于 21 号染色体上的基因，21 号染色体也正是唐氏综合征中被多余复制的染色体。唐氏综合征患者相比于普通人更容易患上阿尔茨海默病。自从他们出生的那一刻起，唐氏综合征病人就开始过多地制造淀粉样蛋白斑。过渡药物可能能够阻止斑块的沉积。也许，通过阻止斑块的沉积聚集，彻底治愈阿尔茨海默病也是可能的。但是这中间有更多的纷争需要解决，考虑到只有一半唐氏综合征患者在 55 岁后才开始出现阿尔茨海默病症状，所以这两者之间的联系（虽然具有争议）并不能完全解释为什么几乎一半患者没有表现出痴呆症状。

斯科特科在孩子身上测试的来自罗氏的药物被认为能够减轻神经递质氨基丁酸（GABA）的影响。唐氏综合征患者具有过多的氨基丁酸，这种过多分泌被认为会抑制记忆力。如果一个患唐氏综合征的孩子正在听一个故事，他可能记不住那些未患病儿童能够记住的情节。"氨基丁酸会让你遗忘很多细节，过多的氨基丁酸会使你忘记相当重要的细节，这就使得学习变得十分困难。"斯科特科说。

2016 年夏天，在总结出药物贝沙米色尼尔（basmisanil）并没有使患唐氏综合征青少年和成年人的认知显著改善后，罗氏停止了药物测试。"这当然是件令人失望的事。"斯科特科说，"但是实验操作得很好，实验数据也非常可靠。所以，最终这个药物并没有做到那些我们期望它能够做到的事，这也是为什么我们要进行这些实验。我告诉唐氏综合征社区，虽然令人失望，但是它为许多即将到来的实验铺平了道路。许多家庭证明我们的社区对此很感兴趣、很热切，并且愿意参与到临床试验中来。"

斯科特科从当地唐氏综合征小组以及全国性会议的演讲上又招募了一些新的研究参与者。在经历了一段缓慢的起步阶段后，人们参与到研究中的兴趣被激发了，尤其是在珍妮·劳伦斯在培养皿细胞中成功地沉默了多余染色体的相关报告发表之后。"人们打电话给玛丽·艾伦说，'我想要那种药剂。'我们不得不解释道，'劳伦斯的'工作还只是在实验阶段。"斯科特科说。

∞　∞　∞

由于唐氏综合征患者携带了一条多余的染色体，它长期以来被研究界认为是一个复杂的基因问题，几乎无法解决。弄清楚如何解决由46条染色体上的某一条或者19 000个基因中的某一个基因引起的变化就已经足够有挑战性了。在一条多余的染色体上包含数百个基因，这显得太过复杂。这就是为什么最近关于药物研发兴趣的升高和随后的药物研发方法如此重要。制药公司并不专注于一整条染色体，他们在想一个小小的染色体功能的改变会不会引起极大的影响。"在过去，科学解决唐氏综合征谜团的步伐有些缓慢。"斯科特科说，"但是现在我们已经不断取得进展，我们拥有父母们组成的小组、研究人员和支持者，他们都在努力给这条多余染色体的治疗带来希望。"

梅勒妮·铂金斯·麦克劳林（Melanie Perkins McLaughlin）是来自波士顿外的一个纪录片电影制作人，她40岁了，正怀着第三个孩子——格雷西。她的唐氏综合征检测结果呈阳性。"我不停地告诉格雷西，我爱你的唐氏综合征。"麦克劳林说，"我告诉她，拥有一条多余染色体是一件很酷的事。但如果她 13 岁了，这里有一种药丸可以除去她的唐氏综合征会怎么样？她会怎么说？她会说，'我记得你以前说过你爱我的唐氏综合征。'"

自从格雷西的产前诊断出来后，麦克劳林就开始努力调解知道格雷西患有唐氏综合征后的情绪。怀孕 20 周的时候，麦克劳林必须做一个决定，并且不得不尽快做。24 周以后，马萨诸塞州的法律规定，只在需要拯救母亲生命的情况下，才可以堕胎。在她做决定的过程中，她与一个来自"第一次通话"辅导项目的人员进行了交流，这个项目在很多州都有。在那里她认识了两个家庭。每个家庭都有一个 5 岁大的唐氏综合征患儿。有一个小孩曾经和麦克劳林的孩子玩过捉迷藏。另一个小孩则不会说话。这两对父母都告诉麦克劳林，他们爱孩子本来的样子。即使有可能从每一个细胞中都抹去这多余的染色体，他们也不会这么做。"我意识到他们那时候这么说，"麦克劳林回忆道，"只是因为他们根本没有选择罢了。"

格雷西在 2007 年 12 月 26 号出生了。由于唐氏综合征相关的心脏缺陷，她立即被送到了新生儿集中看护中心去了。麦克劳林几乎有 8 个小时都无法提起勇气去看自己的女儿一眼。"什么样的母亲会生了一个小宝宝，但是一眼都不看她呢？"麦克劳林说，"我太害怕我的宝宝看起来会是什么样了。最后，我在半夜去看望她了。她看起来很大，很健康，就像我其他的宝贝一样。我很惊讶。"

这时候已经是早上 4 点了。她转头对新生儿集中看护中心的护士惊叹道："她可真美丽。"

"你会继续照看她的，对吗？"护士问。

"女士，"麦克劳林自己想，"你根本不知道。"

我第一眼瞥见格雷西的时候根本毫无准备。她那时候在自己的房间里，嘴上跟着洛儿（Lorde）的热门歌曲《贵族》（*Royals*）一起哼唱。"让我成为你的支配者吧。"她唱着，带着橘黄色的耳机，穿着橘黄色

T 恤衫，还有紫色的眼镜，活脱脱一副摇滚歌星的样子。她的头发是透着琥珀感觉的蜂蜜色，用发夹扎起来梳到了后面。她 7 岁，就像我最小的女儿那么大。

格雷西现在在一个通识教育一年级班级里。每个月的星期六，她会参加一个针对唐氏综合征孩子读写能力／计算能力的指导。在位于马萨诸塞州的梅德福市的家中，她的父母正重铸大名鼎鼎的维多利亚时代的荣光，格雷西在客厅里有一个自己的专属学校。那里有个写有她名字的标签的小桌子，就像在真正的教室里一样，还有写着"常用词""橡皮泥"以及"字母"的橱柜。唐氏综合征孩子需要足够的教育支持，所以麦克劳林做的这些正是参考了"学前教育"和"再次教育"的做法，把格雷西将在学校里遇到的概念先介绍一番，把在学校学到的概念再复习一遍。一个晴朗的春季下午，格雷西照着厚厚的书本做着字母练习。"那不是'D'，格雷西，"她妈妈说，"擦掉，再试一次吧。跟着箭头指示的做。"

"我擦不掉它。"格雷西说。

"你可以的，"麦克劳林安慰道，"再试一次。"

作为一个唐氏综合征孩子的母亲，麦克劳林在很多方面已经成了一个小专家了：老师、医生、社区参与支持者。这是一条她从未走过的路。在大学的时候，她的一个舍友曾主修特殊教育。"我记得那时候我用一种很嫌恶的眼光看着她说，你为什么想做那个呢？"麦克劳林说。

麦克劳林属于工薪阶层，也是博学者，性格温和但坚韧。她用松松的圆簪把深色的头发扎到后面，戴着复古的水滴形宝石耳环，穿着一双波士顿红袜。作为梅德福特殊教育咨询委员会的主席，她对于争取格雷西和孩子们认为她需要成功的事毫不惧怕。格雷西还是个学龄前儿童的时候，麦克劳林就参与了针对综合型幼儿园的诉讼。研究表明，如果你把唐氏综合征儿童和典型的正常发育的儿童放在一起，他们会表现得更好。把唐氏综合征儿童与演讲能力有障碍的儿童放在一起，那么他们就会不断地产生演讲问题。把他们和演讲没有困难的孩子们放在一起，他们就更容易学习像正常发育儿童那样说话。

当麦克劳林挥舞着她综合教育的战斗旗帜的时候，她带着格雷西来到市政大厅对市长进行游说。市长当时不在那里，但是他的秘书给了格雷西一把小旗子，就像她对待每个来访的小朋友一样。麦克劳林给格雷西拍了一张照片，格雷西在建筑外举着飘扬的旗子。"这就像是公民权利一样，"麦克劳林说，"我们时时刻刻都在告诉人们他们不应该有任何不同。现在患有唐氏综合征的孩子和其他孩子被分开教育，但我们希望他们能够在一起接受教育。分隔开来是不公平的。"

正如同麦克劳林对女儿教育的问题有着火炬般的热情，格雷西钟情于马克莫"二手店"（Macklemore Thrift Shop），后来她开始喜欢泰勒·斯威夫特（Taylor Swift）的"空白格"（Blank Space）。"这是我的最爱。"她告诉我。

"教育格雷西真的很难，"麦克劳林说，"不过也很值得。"但这同样也令人痛苦，因为唐氏综合征患儿可能不会像其他孩子那样对社会进行过滤或者对细小差别有感知。当我访问他们家的时候，格雷西正在试着说粗话，这让麦克劳林想起了第一次带格雷西去拔牙的情景。牙医尽量让格雷西放松，说："你很可爱，我可以看看你的嘴里吗？"

"想得美，给我滚开，你这个混蛋。"格雷西说。

麦克劳林的一个朋友听到这个故事后，评论说格雷西只是简单地说出了所有人都想说的话而已。

她在踢踏舞课上也有说粗话的倾向，老师已经警告过她多次，如果她再说出这种话，就不能再来上课了。麦克劳林相信这种行为并不是故意的——她认为格雷西很难理解为什么有些单词可以在公共场合用，而有些却不可以用。

毫无疑问，养大一个有基因问题的孩子肯定比养大一个正常孩子困难得多。其中一个反复出现的焦虑是，一旦这个孩子成为一个成年人，并且父母被他们的药物治疗费用压垮了，谁应该来为此负责。一些人担忧心智不健全的孩子给其他家庭成员带来影响。当麦克劳林开门迎接其他收到产前诊断的家庭时，并没有粉饰遇到的困难。她志愿参与到"第一次通话"的项目中来，这个项目曾在她怀孕并且不知道做些什么的时候帮助过她。

有些夫妻赶来这里，有时候还拖着他们大一点的孩子。他们非常好奇，就像我曾经一样，想知道多一条染色体的孩子的生活是怎样的。麦克劳林非常开心能够展示给他们，但事先会提示他们即将看到的一幕就是一个孩子生活在一个家庭中的一幕，不会指出他们是唐氏综合征患者的迹象，即使确实存在这样的刻板印象。"我总是告诉他们，可以畅所欲言，我会一直在那儿，我们每半个小时就会改变我们的想法。"麦克劳林说，"最重要的事情是，我们要保持信息灵通。"

麦克劳林对于自己坚持妊娠的决定一点都不遗憾。"我只知道我现在更富有同情心了。我想，以前我只看到了世界的白色和黑色，但是现在我看到了一种新的颜色，一种新的维度，这是我以前从来没有看到过的。在曾经的生活中，我排斥有缺陷的人们——我不跟他们交流，不看他们。如果我正在一家杂货商店跟一个坐轮椅的人排在同一队的话，我会把目光看向别的地方。如果一个唐氏综合征患者把我的货物装到包里去的话，我不会跟他们说话。可以这样说，格雷西把我带到我很久以前真正的那个人格上面，或者说她改变了我。"

格雷西的兄弟姐妹们——哥哥艾登 12 岁，姐姐赖丽 14 岁，都习惯于保护自己的小妹妹。特别是艾登，从情感和生理上都在保护她。当艾登上幼儿园的时候，格雷西还是个小宝宝，他似乎对格雷西很担心，一位被安排的顾问观察到，他很担心自己的妹妹死去。并不难看出为什么他会这么想：在过去的 7 年里，她的心脏、臀部、眼睛、耳朵上总共已经动了八次外科手术。直到今天，他们一家人出发去海滩，艾登还在担心潮汐会把格雷西冲走。"他是个暖心的大哥哥，"他的妈妈说，"但是担忧肯定已经影响到了他，这不难理解。"

在我访问期间，格雷西一家邀请我去当地一家小餐馆吃饭，我们坐在一张大大的圆桌旁。当母亲带回艾登的秀兰·邓波尔果汁，并要再加一杯石榴汁的时候，窘迫的艾登努力想要消失在他的羊毛衫里。赖丽对于学校的话剧表演《美女与野兽》充满了兴奋，她的一个演员朋友在 Instagram 上有上万名粉丝，也让她迷恋不已。他们的父亲——一个石匠，微笑着安静地坐在那里，听着他们喋喋不休地谈话。坐在我旁边的格雷西大口咀嚼肉卷，玩着家里做给她的闪卡，给她的洋娃娃"大宝贝"灌着橙汁。

艾登这时候从他的夹克里钻了出来，小口抿着他的鸡尾酒替代饮料，背对着格雷西说道："也许她知道她不能像其他孩子一样学习会很伤心。"

"你觉得这会让她难过吗？"麦克劳林问。

"格雷西，你患有唐氏综合征吗？"

"对啊。"格雷西答道。恰巧在这个时候，她活泼地用上了她的人生信条："多拥有一条染色体很酷的。"

"所以，艾登，"麦克劳林继续道，"如果有什么人对待她不同又怎么样呢？那些人本就不属于我们生活的一部分。"

他保持着沉默，这时候赖丽在旁边开始说起格雷西和社会媒体的主题了。"当我的朋友们看到我的社交网络照片时，他们会问，'她不是有唐氏综合征吗？'我说，'那玩意儿跟我说的话题有什么关系？'"她在提及自己的回答时，配上了一个杂技表演一样夸张的白眼。

几年前，布莱恩·斯科特科在《美国医药遗传学》杂志上发表了一份调查报告，那是那个年代少有的几份关于唐氏综合征患者及其家庭成员的看法的报告之一。超过 2000 位父母（其中大约 300 个患有唐氏综合征）参与了调查。5% 的父母说，他们的孩子总体上来讲使他们感到难堪，4% 的父母说他们后悔生下了患有唐氏综合征的孩子。你能够想象需要有多冷酷的情感、多么深刻的绝望才会让这些父母说出后悔的话吗？然而，绝大多数父母都很高兴能够与自己的孩子相处，他们的兄弟姐妹们也是；同样，只有 4% 的兄弟姐妹们希望可以用一个不患有唐氏综合征的人来替换现在患病的兄弟姐妹。88% 的人说，他们相信，拥有一个患有唐氏综合征的兄弟姐妹使自己成了一个更好的人。

∞　∞　∞

当杰罗姆·勒琼确认了唐氏综合征的染色体基础后，就为以后的科学家研究产前检测铺平了道路。这让勒琼有点害怕。作为一个虔诚的天主教徒，他是一个唐氏综合征患者的热情的支持者，同样也是一个坚定反对堕胎的人，特别是在产前检测结果出来之后。他确信地感到，总有一天某种治愈途径一定会被找到。杰罗姆·勒琼死于 1994 年。"我们一定会打败这种疾病，"他的话被当作名言引用，"说我们做不到是不可能的，这需要的智慧和努力比把一个人送上月球要少得多。"

戴安娜·比安奇正在努力完成勒琼的预言。作为一名遗传学家和新生儿专家，说她已经找到了一种治愈手段有些言过其实，但她正在小鼠身上不停地进行研究，许多小鼠在产前胎儿患有唐氏综合征的进程已经被改变。比安奇在 2016 年年末接受了国家儿童健康与人类发展研究所主任的职务，她却由于帮助介绍非侵入性产前检测而受到一些来自唐氏综合征社区的人的嘲笑。他们认为，促进产前检测的行为无异于授权父母堕胎。但是比安奇坚持认为，孕早期的唐氏综合征检测会激发研究者们去研究更多的产前疗法。

马克·布拉德福德（Mark Bradford）的儿子患有唐氏综合征，他同时是杰罗姆·勒琼美国基金会的主席，这是一个以这位法国物理学家命名的巴黎小组在美国的分支。"有一些唐氏综合征社区里所谓的反堕胎支持者们认为比安奇是一个罪犯，就因为她参与发展了非侵入性产前检测技术。"布拉德福德说，"我相信她总有一天会证明自己是个英雄，就是因为先进的非侵入性产前检测。这已经成为早期治疗的基本方法了，将会拯救无数个被诊断先天患有唐氏综合征婴儿的生命。她因为自己的工作遭到了非常不公且刺耳的批判，但那些人根本就没有看到过去产前诊断存在的危险以及这项技术巨大的潜在好处。"

产前探测可能会积极影响孕期过程，这一看法现在变得越来越乐观了。一些案例已经证实了这样的预测，比如对于脊柱裂，产前探测与精妙的子宫外科手术相配合的话，就可以缝合神经管的缺陷，带来独立下地行走与终生受制于轮椅的天壤之别。同样地，胎儿超声波心动图可以揭示能够在产前修复的心脏问题。不断发展的基因编辑技术，比如 CRISPR-Cas9，也许终有一天能够在出生前矫正存在的问题。

唐氏综合征治疗方法的不断发展提出了一个相当重要的问题：是否存在这样一个临界点，接受治疗相对于堕胎来讲成为了一个更好的选择呢？假定一个有效的针对唐氏综合征的治疗手段突然出现（长久以来人们都认为这是无用的，因为患者体内的每一个细胞都含有一条多余的 21 号染色体），还会有很多人仍然想要避免携带唐氏综合征的胎儿吗？

当我问比安奇，她的终极目标是不是降低唐氏综合征胎儿的堕胎率时，她没有做出正面回答。"我们的目标在于尽可能提高神经认知能力，并且在做这件事的过程中，给更多心怀期望的夫妇带来希望。"她说，"人们在了解到这样的信息后决定怎么做，那是他们自己的事。"

比安奇从来没有见过勒琼，但是她保留了一份裱起来的手写答复，那是 1973 年她上大学时所发出的请求得到的答复，当时她用漂亮的法文写道，想要参加勒琼巴黎实验室的暑期实习。这位声名显赫的物理学家是这样开始他的答复的："小姐，你写的法文几乎完美，我用最大的热情表示欢迎。"在后面他表达了那个时候不能为她在实验室提供房间的遗憾。比安奇保留着这一切，她把那封信放在一个盒子里珍藏多年。"许多年前的一天，我找到了它，"她说，"我想，'这是一个标志'。"

比安奇的头发有着几乎完美的金色波浪卷，她把头发从中间分开。她的指甲染成了泡泡糖般的粉色，穿着柔软的高领毛衣，还有灰褐色上衣。她已经 60 岁了，其他人在这个年纪都会减缓自己的职业步伐，但是比安奇却在快速上升期。

我对她的小鼠很好奇，所以问她我是不是可以去看看它们。花了好几周的时间我才弄到了来自塔夫茨大学动物医学实验室必需的进出许可，他们很担心外来人员给小鼠们带来一些传染病；比安奇告诉我，我非常幸运，因为我是唯一看过这些研究用小鼠们的记者。它们都是些令人怜爱的小生物，看护员要求来访者穿上全套的保护装置，为了保护这些老鼠不受外界尘屑的影响。在我们踏进她的实验室之前，要穿大褂、短靴，还要戴上手套。给我们带来"小鼠马戏表演"的是比安奇的一位博士后学生——费萨尔·格基（Faycal Guedj），是他在测试小鼠。

作为一个写作科学稿件的记者，我意识到所有被培养的生物都是用来从事遗传学研究的，是为特定的基因突变定制的。我在费城儿童医院看到了一种很小的虫子——线虫，它的基因改变就像朱丽叶的那样。朱丽叶是一个小美女，有着乌木似的头发和睫毛，但她不能走路也不能说话，只能依偎在我的怀里。我去年曾坐在她父母的长沙发上给她讲故事。我认识了一只叫作贝亚的青蛙，是转化生长因子 - β（TGF-β）突变型的，就像碧翠丝那样。碧翠丝的肌肉非常虚弱，两只眼睛隔得很开，手指是弯折的。在这个不比一个衣橱大的实验室里，我遇到了几十只这样的幼鼠，被命名为 Ts1Cje[以医学遗传学家查尔斯·艾普斯坦（Charles J. Epstein）的名字命名]。

这些活泼的啮齿类动物具有唐氏综合征类似病症。成年 Ts1Cje 雄鼠被用来与染色体正常的雌鼠交配，因为比安奇想要一个正常的子宫环境来排除掉任何次要的母亲染色体畸形的影响。当雄性小鼠与雌性小鼠繁殖后，从统计学上来讲，一半的后代幼鼠会成为唐氏综合征模式鼠，这样就能够稳定地提供实验材料。

比安奇正在检测小鼠大脑中不同的信号通路，从出生后 3 天开始测试小鼠，持续到 21 天大，并在成年阶段再次测试。一些小鼠的母亲在怀孕期间所吃食物中添加了一些普通药物或者营养添加物。最终的目的是追踪这种口服药物，它们被给予了那些怀有唐氏综合征胎儿的母亲。

理想的话，这种药物可以穿过胎盘促进认知能力并降低氧化压力。唐氏综合征的婴儿比其他婴儿面临着更大的氧化压力。在许多自由基（寻找缺失电子的高活性分子）累积，毒性无法被有效抵消的时候，氧化压力就会出现。过剩的氧化压力会杀死大脑细胞，导致唐氏综合征婴儿出生时相比正常儿童大脑更小。"我们的假设是，在大脑正在经历显著发展阶段的时候，不正常的生化环境敲除了一组神经干细胞。"比安奇解释说从孕期第 14 周开始，唐氏综合征胎儿的大脑发育就变得更慢了。这也是为什么她认为十分有必要通过产前干预阻止神经更新换代缓慢。但是，在一种干预手段能够在母亲和婴儿身上测试之前，必须首先在一种动物替代品身上证实其安全且有效。

有一天我访问了比安奇的实验室，我们检查了一些七天大的小鼠。为了方便辨认，每个小鼠都被文上了编号。直到实验结束且来自小鼠身上的一块组织的基因检测完成，研究者们都不知道小鼠是否具有唐氏综合征类似病症。如果提前知道了，他们可能就不会那么客观了，就会自动假设患有唐氏综合征类似病症的小鼠会比那些不受影响的对照组要慢一些。

费萨尔收了一个幼鼠，编号 #1，并且称了重：重 5 克，相当于一个 5 美分硬币。费萨尔把幼鼠背面向下放置，来测量它从臀部朝下变为腹部朝下需要多久。这家伙动作相当迅速，在 4 秒钟之内就复正了。"看看他，多快啊！"比安奇惊叹道。1 号小鼠能够保持在一个蓝的矩形立方体上不掉落，立方体大约 7 厘米高，这事情它相当在行。这个立方体实际上模拟了一个悬崖。一个清楚意识到周围环境的小鼠不会乐意跌下去的。现在轮到 2 号小老鼠了。它只有 2 克重，并且只有 1 号小鼠的三分之一长，仅仅 53 毫米。比安奇说这只小鼠可能有发育障碍（胎儿阶段的发育问题理论上可以使正常染色体的小鼠具有较小身型），但是她怀疑这只小鼠患有唐氏综合征类似病症，因为患病小鼠通常长得很小。在 2 号小鼠经历了所有的步骤后，这个怀疑被证实是正确的。它用了 17 秒才从背面翻到腹部的那一面，它努力地想解放右脚，但是那只脚正被压在它的身体下面。它傻乎乎地从悬崖上冲了下来，没有一点它的前辈所展现的谨慎作风。费萨尔用戴着手套的手抓住了它。

通过治疗子宫中的氧化压力，比安奇希望她可以避免大脑细胞的皱缩。谁会跟这样的雄心较劲呢？父母不是都想保护自己未出生的孩子的大脑细胞吗？但值得注意的很重要的一点是，不论比安奇正在研究的产前疗法多么成功，都无法改变生理外貌。

"许多人不这样认为，他们觉得自己患有唐氏综合征的孩子现在的样子是完美的，"她说，"但是还有很多父母，如果有选择的话，会选择尝试治疗他们的孩子。我们的工作就是给人们提供不同的选择。"

一种选择，即布莱恩·斯科特科以及其他人正在开展的药物试验，在比安奇看来，局限太大且速度太慢了。为什么要等到儿童时期或者更晚才去尝试这些药物会不会起作用呢？"从我们的角度来看，等待孩子大一点测试需要等太久了。我们已经有了案例，说明事情在早期阶段就往不好的方向发展了。如果我们能够阻止或者减少这样的事情，也许所有其他的事情都会逐渐解决的。"

在她已经研究过的三种化合物中，一种对于细胞分裂具有负面影响，会减缓进程并导致细胞生长缓慢。另外两种则表现出有益于健康的影响；其中一种能够提升协调能力，缩短小鼠翻身时间。在一些显然不被产前治疗影响的发展领域，比安奇的工作也在继续。她在美国国立人类基因组研究所有了一个新的实验室，在那里她可以把她的产前疗法研究扩展到一批新的具有唐氏综合征类似病症的啮齿类动物上。"从目前的效果来看，还没有一种吃了就能治好一切的灵丹妙药。"她说。

∞ ∞ ∞

梅勒妮·麦克劳林毫不犹豫地依靠现代医学来解决可能涉及唐氏综合征的生理问题：格雷西的臀部位置错位，因为她的关节疏松，这对于 21- 三体综合征的孩子来说很常见，所以她做了两次痛苦的外科手术来先行阻止以后会出现的行走问题。但是麦克劳林在照顾格雷西时，照顾身体和照顾心理之间她会加以区别。她担心用药物来改变格雷西的想法与优生学并没有什么太大的不同，毕竟优生学就是为了造出一个更好的婴儿。

珍妮·劳伦斯成功地在实验室中沉默了多余的 21 号染色体，但她却有不同的看法。劳伦斯在关于唐氏综合征模型小鼠上的研究一直在进行，她试图抵消多余染色体上的基因带来的变化，这样那些基因就不会表达了（这有点像爆破一个气球。一个爆了的气球，严格意义上，还是一个气球，但是它无法回复到原来的样子了）。为了达到这个目的，劳伦斯正在从怀孕到出生后的不同发育的阶段测试这件事。她收到来自父母们担忧的评论，他们担心这会"改变"他们的孩子，她是这么答复的："我说过，就算我想要改变你的孩子，我也不会这么做。我解释道，如果你想治疗一个唐氏综合征胎儿，在开始治疗以前他就已经有唐氏综合征了，并且有些特性无论如何都会展现出来。"

当然了，想要把最好的留给孩子，这是父母的天性，麦克劳林同样无法逃脱这种天性。但是她在想，什么才是给格雷西的"最好的"，同样也是给她另外两个稍大一点的孩子的。"我真正想给孩子的就是让他们开心，找到真爱，并过得充实。"但是每当我们谈到成就的时候，我们不仅仅提到幸福和爱。在生命中达到最好到底意味着什么？是否意味着你应该是这个房间里最聪明的人？最富有的人？工作头衔最响亮的人？麦克劳林在她怀着格雷西的时候曾经希望得到无条件的支持，但是她发现那些她认为最为进步的、最开明的朋友们却是最少接受她的决定的。那时她是美国公共广播公司的纪录片制作人，那里从不缺常春藤盟校的人。就是这些人也不能理解为什么她会想要一个有智力缺陷的孩子。

麦克劳林总结道，毫无疑问，社会给予智力相当优厚的溢价，但是对于那些唐氏综合征患者来说，拥有更多的知识或者意识并不总是必要的。当她跟那些唐氏综合征儿童的父母谈话时，知道那些更加聪敏的孩子会更加拼搏。我立刻想到了一个例子，我一位朋友的大儿子理解自己患有唐氏综合征，而其他大多数人没有这样的病，对他们来说，这显然不是吸引女朋友最有价值的筹码。"他不想和患有唐氏综合征的女孩约会，但是没有唐氏综合征的女孩不想和他约会，"麦克劳林说，"无知该有多么幸福啊！"

父母们想要知道什么

与不确定意义的突变体做斗争

对于父母而言，孕期通常怀有巨大的期望。但从刚一开始，小丹尼尔的未来就受到了一些怀疑。他的妈妈玛雅·休伊特（Maya Hewitt）是发展心理学教授，在2011年怀上他后去做第一次超声波检查的时候，丹尼尔被认为很快将会流产掉。当时没有检测到他的心跳。但是丹尼尔恢复了过来，从一个只有几百个细胞大的虚弱的胚胎，长成了一个喜欢火车和飞机的小家伙，还不爱睡觉。

在最初的恐慌之后，超声波显示了丹尼尔的脐带只有两根血管，而通常应该有两条动脉和一根静脉。这使得产科专家们继续密切关注着玛雅的怀孕状况。双绳管也被称为单一脐动脉，因为它只有一根动脉，把宝宝产生的废物传输到胎盘，这种情况与心脏和神经中枢系统缺陷以及染色体问题相关。玛雅比一般的孕妇做的超声波检查要多，结果显示似乎一切都好。

丹尼尔出生于2012年4月18日。我在费城郊区一个粉刷成白色的、带有黑色百叶窗的房子里遇到他的时候，他已经两岁半了。他性格外向，神情专注，对我这个在他午睡前不久来访的陌生人露出了调皮的笑。他有着柔滑的金色头发，为人慷慨。我们一起搭建了宜家火车轨道，丹尼尔递给我一些火车部件，让我放下来，然后疾速移动火车通过木制的循环轨道。在玩耍时，他多次把自己的麦棒递给我吃，并指着湛蓝无瑕的蓝天，那时候正好有飞机飞过，天空传来飞机产生的噪声。我瞥了一眼天空，指了指一架正飞过云层的飞机。其实直到丹尼尔提醒，我才注意到有飞机。我的听力很好：半夜里我可以在楼梯上听出我的孩子的脚步声，并通过声音辨别出是谁。然而丹尼尔是有听力障碍的。这就是我想见他并促使他的家庭进入基因世界的原因。

"直到我真切地听到他的哭喊，我们都不知道将会发生什么，知道他没事，我们才松了一口气，"如今已36岁的玛雅说道，"然后我们离开医院之前，发现他没有通过听力测试。我们家里没有一个人患有听力障碍，所以我们当时觉得，'这可怎么办才好？'"

丹尼尔去医院看了病，有一家世界著名的儿童医疗中心就在他家附近。当他一个月大的时候，他就开始拜访众多的专家，包括耳、鼻、喉科的医生，还有心脏病、泌尿科的医生和一个眼科医生，因为他们的专长是各种与听力障碍相关的疾病，也可解决其他医疗问题。

玛雅的丈夫安德鲁是一名小学艺术教师，夫妻两人没有理由怀疑丹尼尔的听力问题是基因造成的，所以他们最后才造访遗传学诊所。"我们没有想过会收到这方面的消息。"玛雅说。她的脸颊窄窄的，留着顺滑的黑色短发，一副时髦的棕色眼镜下有一双蓝色的眼睛。他们尚未从生活被改变的讶异情绪中回过神来。

2013年1月，玛雅和安德鲁带着9个月大的丹尼尔去看伊恩·克兰茨（Ian Krantz），他是一位个子很高、面容严肃的儿科医生和临床遗传学家，就职于费城儿童医院听力障碍诊所。之后，他们还去拜访了丹尼尔的遗传咨询师中的一位——萨拉·努恩（Sarah Noon）。克兰茨注意到，丹尼尔的一个肾脏有转动迹象，这一点先前在玛雅的超声波检查中已经检查到了（当时发现它有一点翻转，但是做产前扫描的泌尿科没有关注这一点）。丹尼尔的脊柱上也有一片断痕，这被称作"骶骨酒窝"，并不可怕。骶骨的酒窝并不罕见，但它们可以在某些情况下表明有潜在的问题。鉴于这个状况，再结合一些其他的检查结果，比如丹尼尔的双绳管——显示他的头围特别小的物理测试，还有他的听力障碍，克兰茨推荐丹尼尔去做一个基因检测，尤其是染色体微阵列分析，这项检测可以测出缺失或多余的基因物质碎片。就是从那时起，生活对于玛雅·休伊特一家开始真正变得艰辛了。

丹尼尔做了抽血检测，但是几个月过去了，一点消息也没有。那年的夏天，玛雅向费城儿童医院询问了好几次。"结果在哪里？我们真的很想知道。"在语音邮件中玛雅恳求道。丹尼尔看起来发育得很好，一切都按部就班，等待的过程让人很焦虑，搞得他俩精疲力竭。

9 月份，萨拉·努恩打来电话。玛雅当时正在一家杂货商店的停车场，她听着遗传咨询师的话，感到有一些困惑。咨询师解释道，检测并没有找出丹尼尔患上先天神经性听力障碍的原因，但是有了一个意外发现。

"这是什么意思？"玛雅问。

努恩解释道，基因检测，尤其是全基因组检测，比如染色体微阵列分析，具有能够辨识基因片段重复或缺失的能力，而测序则能够一次性扫描所有基因，它们可以揭示出一些与医生正在寻找的目标无关的结果。某些情况下，这些发现相当于什么也没说，因为已经确认的基因错误还没有与疾病相关联。但另一些情况下，它们可以揭示出患有某种疾病的潜在风险或者直接揭示出一种疾病的存在，这可能与刚开始做检测的原因毫无关联。"小心你正在寻找的。"这话一下子冲到了脑海中。在丹尼尔的案例中，检测出的结果是他的第五条染色体有TERT 基因缺失，这个基因与染色体的末端——端粒相关。你可以认为端粒就是保护染色体的位于末端的小帽子，有点像轮胎阀杆上的黑色小帽子。

TERT 突变或者基因变化与先天性角化不良相关，它会导致皮肤变化以及毛发色素沉着、患癌风险增加、骨髓坏死以及肺部纤维化。先天性角化不良的病人通常端粒更短，这使细胞衰老得更快。TERT突变特别影响那些分裂迅速的细胞，比如皮肤、头发以及骨髓细胞。因为端粒的弱化使得染色体更加不稳定，细胞可能会随意分裂，并引发癌症。

然而，这种末日般的情景并非不可避免地要发生。丹尼尔没有TERT突变，但他有基因改变，丢失了几个基因。他是否会受到影响尚且无法预计，因为在医学杂志上还没有关于他的这种缺失的信息。一些TERT在5号染色体上的缺失或者更广泛的删除有些与先天性角化不良有关，但是还有一些并不会导致这种情况。基因缺失听起来不祥，但是也完全有可能不会造成任何后果。

在努恩位于费城城中心没有窗户的办公室中，我向她简单咨询了丹尼尔的状况，她对我说，得知这种信息不一定有帮助。她指出，在丹尼尔从早期胚胎阶段开始就没有像正常状况那样发育起，玛雅和安德鲁一直都处于惶惶不安中。"他们感觉自己不能享受怀孕过程了，"努恩同情地说，"然后她生下了儿子，但做了遗传检查之后，又因为未知的结果而遭到了巨大的打击。她说，如果她早知道是这种情况的话，她不会选择做基因检测。永远处于猜测中，会令人备感焦虑。"

整个遗传学社区都有着共同的忧虑，那就是未知的结果对于一个家庭的影响。专业机构的学术期刊以及年度会议，比如美国人类遗传学会（ASHG）、美国医学遗传学和基因组学学院（ACMG），都有大量文章，展示报告以及介绍问题、解决问题并提供最佳方案的见解。

有时候，应对不确定性可能比处理坏消息更难。努恩观察到，"当你有令人失望的消息的时候，在某种程度上这更容易一些，因为至少你知道了，而不用被留下来观察并等待。"

玛雅对于丹尼尔的不确定结果感到心灰意冷，在努恩看来，这展现了一种父母在得知各种测试潜在结果后的矛盾心理。非常复杂且非常新的检测手段，比如全基因组测序，能读取一个人全部的 DNA；而外显子组测序，能够只对可以编码蛋白的基因进行测序。它们都有非常详细的知情同意书，解释了检测的范围和能够得到的不同种类的信息。但是微阵列通常没有这样的协议，这就会产生令人费解的结果，但是作为一种基本的遗传检测手段，它应经存在许多年了。努恩说："我们有详细的外显子组测序的知情同意书，我们就会想，为什么对于微阵列我们就没有呢？"

外显子组测序或者基因组测序的同意书一点都不像你平时签的那种单页表格，那种东西你闭着眼在医生办公室里就签了。而这种知情同意书有好多页，写得非常详细，帮助病人充分了解检测到底能揭示什么样的结果。它要准确提醒病人现在的情况，就像丹尼尔父母面对的那样：一个似乎与丹尼尔在第一个地方的检测完全不相干的结果，一个可能对可爱的孩子产生严重影响的结果——当然，也可能最终不会发生任何事。最近，美国人类遗传学会建议将微阵列检测纳入需要同意书告知的范围中。

玛雅和安德鲁已经猛然闯入了遗传学的灰色地带：大部分情况下，基因并不意味着最终的命运；它们只是生物学、环境、境遇的复杂混合体，在决定谁在何时将要生病这件事中起了一部分作用。随着基因检测变得越来越精细以及广泛，越来越多的家庭将会直面这一遗传学的不确定性。

丹尼尔在我们旁边开心地玩耍，堆着积木并自言自语。这时玛雅说："丹尼尔还很小，他才刚刚开始自己的生活，但是他这一生却已经面对了一个又一个可怕的预言，从怀孕几周的时候就开始了。"

玛雅和安德鲁曾猜测，在丹尼尔身上做的检测只会针对克兰茨所怀疑的问题。"我们没有意识到那个检测是关于整个基因组的。"玛雅说。实际上，丹尼尔做的正是微阵列分析，而非全基因组分析。玛雅的这种暂时性困惑是很典型的，对于不熟悉遗传学的人来讲，即对于大部分人来讲，最强大的检测似乎是全基因组分析。

用遗传学行话来讲，与病人交流检测结果的行为是"结果反馈"，既需要科学的严谨，也需要沟通艺术。做综合性基因检测，如做测序和微阵列时，结果等同于数据转储的信息。随着这些检测的应用越来越广泛，越来越多的信息需要被筛选和揭示。对此，医生和专家之间存在着巨大的分歧，一些人认为所有的信息都应该被分享给病人，不论信息如何不确定或者隐晦；而另一些人认为，数据首先应该经过仔细挑选，在这之后，只有部分信息才可以被透露。

结果可以被分为几类：它们在临床上是否相关，意味着它们与特定的诊断或者条件相关？它们是否在医学上可行，意味着有治疗手段并可能痊愈？它们是否完全不可预测，比如一个"偶然的发现"，就像玛雅遇到的那样，与检测的本来目的毫无关联？虽然偶然的或次要的发现常常与健康相关，但现在用基因检测来确定"非亲子关系"已经很常见了——换句话说，检测可以揭示本以为自己是父亲的人并不是父亲。这也可以进一步延伸，到发现丈夫和妻子其实具有血缘关系，比如可能丈夫是妻子的表哥。医生们应该冒着破坏一个家庭的风险，分享这些灾难性消息吗？又该如何处理最为黑暗的消息？那"一个不确定意义的变体"（也叫"一个不明意义的变体"），尤其是一个新确认的变体，当研究人员并没有收集到足够多的证据表明它是否会影响今后的健康时，这些信息也要告诉病人吗？

更让人困惑的是，一些基因在遗传学界的术语中具有"高度预见性"。这就是说，如果你有一个与某种特定条件相关的基因或基因突变，你几乎一定会发展出特定症状，亨廷顿舞蹈病就是最好的例子。我们之后将会在这本书中看到，在致命脑部疾病横行的家庭中，在谈到想不想知道自己是否遗传了导致这种疾病的 4 号染色体上的基因突变时，家人的反应会有所不同。我们随后将会看到自闭症，这是一种高度复杂的情况，与数十个基因突变相关。你可能含有其中一些基因变异，但却并没有患上自闭症。与亨廷顿舞蹈病相比，自闭症并非由单一的基因问题引起。在几十年前，医生们不会像今天一样，认定这么多孩子都患有自闭症；最新的统计学研究推断，每 68 个孩子中就有一个，或者每 42 个男孩中就有一个或多或少有自闭症倾向。关于自闭症案例的数量高峰，很大程度上而言，是由父母和案例提供者注意后引起的效应，部分程度上，也是由变化的患病标准导致的。但是这大概不能完全解释这种情况。研究者称，其中缺失的联系，可能就是遗传的作用。

科学家们正在追踪这一病症的根源，现在有一个雄心勃勃的工程来完成这一目标，给一万名来自全世界的饱受自闭症折磨的家庭成员测序。某些研究已经观察到，如果一对同卵双胞胎中有一个患有自闭症，那么另一个有相当大的可能性（在 36%~95% 之间）也会患有自闭症。在非双胞胎的兄弟姐妹中，自闭症同样有这样的倾向：如果一个孩子受到了影响，另外的孩子有 20% 的概率也会患有自闭症，相对一般人群来说，这个风险相当大了。同时，近来的研究指出了一种与患亚型自闭症风险增加相关的突变，这种突变同样伴随着身体特征，即大头颅、凸前额，这提高了在子宫中至少识别某类自闭症的可能性。

看起来，似乎遗传因素正在起作用。但是，基因突变并不只是那种你生来就带有并将传给下一代的东西；它们可能是受到个人环境中一些诱因的影响。例如，超过 40 岁的男性，生出自闭症孩子的风险更大，因为精子中的突变会随着男性年龄的增长而增多。40 多岁的女性同样有更高的生出自闭症孩子的风险，原因尚不明确。同样不确定的是，年龄差距较大的夫妇（至少 10 年）更有可能生出自闭症的小孩。实际上，许多最近确定的自闭症的基因联系是全新的突变，即它们是随机的、自发的，并非遗传。有些父母和研究者们正尝试弄明白，是什么因素让一个人成为同性恋？是什么让一个人肥胖、体格健壮或聪慧？他们对于遗传物质以及随着时间推移在 DNA 中改变的物质很感兴趣。在康涅狄格州，药物审查员要求遗传学家仔细核查亚当·兰扎（Adam Lanza）的 DNA，寻找促使他枪击桑迪胡克小学的学生和老师的线索。他们似乎很难找到一些与兰扎的难以预测的暴力行为相关的基因倾向。这突出说明了一点，把遗传学与行为相关联是多么困难的一件事。在一份关于兰扎的 DNA 分析的社评中，《自然》杂志警告说，我们有一种把事情过度简化的危险倾向，尤其是在悲剧发生之后。如果兰扎的 DNA 显示出了基因突变体——这是不可避免的，那些带有相似突变体的人们可能会被污名化，即使这些突变体可能仅仅和耳朵的形状相关。如果兰扎拥有已经知道和自闭症或者抑郁相关的突变体，那么患有这些疾病的人可能同样会受到怀疑。

现在有过度责怪或赞誉遗传学的倾向，但是基因并不能完全决定我们会成为什么样的人，以及我们生什么病。最终结果也和孩子们受到的养育相关，这一点在关于先天与后天外部影响的争论中可以反映出来。孩子在橄榄球场上威风凛凛，这是因为他遗传了他那位效力于全美橄榄球联盟（NFL）的父亲的基因，还是由于这位父亲从孩子小时候就开始教他如何玩橄榄球？有时候，想分开这两种因素几乎是不可能的。但是我们亲身体验世界的方式（我们的特性以及偏好）并不总是能够归因于我们的基因。如果你沉迷于观看猫咪视频，这不太可能是因为你遗传了某种对猫科动物的迷恋。哈佛大学的个人遗传学教育工程专家这样说："你个人对猫的喜爱很可能是一种你和宠物共同生活的结果，并非源于一种假想的猫类钟情基因。"

随着基因测序这种强力检测被纳入卫生保健系统，一项 2016 年的调查发现，27% 的美国内科医生曾经建议他们的病人做全基因组测序。医生们必须努力面对这样一件事，就是让病人们对于遗传学上意义不明的结果做好充分准备，这既包含了期望的结果，也包含了不期望的结果。有一些结果不让病人知道，是不是公平且符合伦理呢？尤其是在寻找其他内容的过程中发现的那些意外结果？如果这样，那什么样的结果才是医生应该告知病人的？这种决定最尖锐的焦点在儿童身上，他们是基因检测的参与者，假设在子宫中，或者是出生后，他们的发育出现了延迟，或者患上了一些未确诊的疾病。毫不意外，医生们和生物伦理学家们都认为那些会影响儿童童年的结果应该被分享出来，比如偶然发现的一种变异基因，它会让人在童年时期患上一种罕见的儿童结肠癌。考虑到现代医学中的局限性，这种潜在的颠覆性信息应该如何被分享呢？通过电话、书信，还是当面说？

那么对于暗示了成年后的疾病风险的结果又该怎么办？要是揭示了一种现在无法治疗的疾病，比如阿尔茨海默病，那又该怎么办？谁来决定什么样的结果才可以反馈给病人？

∞　∞　∞

玛雅·休伊特相信，父母应该被告知结果。为了做到这一点，他们需要完全掌握检测揭示的所有潜在信息。那一天在玛雅的家里，她对我描述了一种感觉，那是一种忧虑的暗流，感觉就好像所有来自她肺部的空气都在快速流动。她说自从她知道了丹尼尔的基因缺失，直到今天，她都没有真正轻松过。但在同一时间，丹尼尔正在健康成长。在他的幼儿园老师与家长的会议上，玛雅感到了有所依靠，这得益于老师的报告，丹尼尔的表现比一般学步幼童好得多。

"除了他在 5 号染色体上缺失了一部分外，他就是一个正常的小孩子，当然如果我们不做检测的话，我们永远也不知道这一点。这使得我们改变了很多，让我们一直要带着这个背景信息——先天性角化不良，生活下去，还有其他一些没有被揭示的问题。我们正在尽可能地维持正常生活，但是有些事情正在悄然发生。

"当丹尼尔获得了新的成长时，我就会想什么时候这一切会被夺走呢？我经常在享受母子间的天伦之乐仅仅 30 秒之后，就会想，几年之后，这一切可能就会改变了。对于任何人来说，都可能发生那样的事，但是我们知道，丹尼尔真的有一些将会影响他的东西。这不是假设。"

"我欣赏科学，我们不想像鸵鸟一样逃避问题。但是对于那些连专家都不了解的事情知道得太多，就会带来一种危险。可能我对于科学期望得太多，我希望了解到所有的事情都意味着什么。但是我们的经历是，我们陷入了灰色地带——我们的报告上写着'临床重要性未知'。我希望我们可以倒回到那个一无所知的小箱子里，我希望自己并不知道这一切。"

在那个宿命般的日子，在玛雅听到来自努恩的消息后，她站在杂货店外不知所措，在停车场如同石化一般。随后她打通了安德鲁的电话，那时候安德鲁正和丹尼尔在家里，她尽全力向安德鲁解释了现在的情况。几天之内，悲恸之情席卷了她。"我真的很难过，那些我们期望的他的童年，将在某一刻被完全夺走。安德鲁形容说，这就像是我们头上开始顶着一个铁砧生活。我们好像生活在阴影之下。"

努恩之前同样建议玛雅和安德鲁做一个产前检测。如果父母之一缺失同样的基因，就能知道这对丹尼尔来说意味着什么。起初，得知可以了解自己的遗传谱系，玛雅和安德鲁脸色发白，他们想要是没出问题的话，又何必修复？但是如果这样做能够帮到丹尼尔的话，他们愿意做一做。无论如何，他们都对这个缺失是遗传的这件事深表怀疑。毕竟，像牙齿发育迟缓、指甲脱落、骨髓坏死等症状，如果他们有的话，5岁时就该知道。可现在他们都30多岁了，依然好好的。

几天后，他们就进行了抽血检测。像上次一样，几个月过去了，一点消息也没有（玛雅说，她最终被告知延迟是人为造成的），玛雅和安德鲁开始怀疑自己了。他们一个护理系博士朋友建议他们尽量把检测从生活中剥离，好好过日子。其他朋友一致认为他们过度焦虑了。等待、看护，不知道结果，这些事像乌云一样笼罩在他们头顶。他们决定尽最大努力把 TERT 缺失以及基因检测统统抛到脑后。"我们决定不再持续关注这些事情了，我们只想正常地生活。"玛雅说，"如果真的发生了，病症出现了，那我们就处理它。但是丹尼尔很健康，所以我们决定好好生活。"

理论上，这个方法听起来很好。但现实中，这根本不能平复玛雅的焦虑，持续不断的不确定性反而激起了玛雅的愤怒之情。她指出虽然自己不是一名专业人士，但是她也是一名研究者。研究者们要搜集证据，他们不会随意碰运气。

随着 2014 年 4 月的到来，丹尼尔要过第二个生日了，玛雅还是没有收到她和安德鲁所做检测的结果，她决定给费城儿童医院的提供者们写一封信。她一丝不苟，非常专业，但是所写内容显示了她的愤怒。在信里，她诉说了自己的沮丧，她过去拥有令人羡慕的童话般的生活——夫妻恩爱、双方事业有成、有可爱的孩子，然而这一切完全被破坏了。

考虑到你们办公室发现的与缺失有关的某些结果包含着种种威胁生命的疾病，还包含一些可能直到 5 ~ 15 岁或青年时期才显现的疾病，你们给出的这些可能性，让我们觉得自己被悲伤吞噬了；同时，在很多方面，我们还感到你们不道德地剥夺了我们家庭中的宁静和睦，因为你们展示了意料之外的检测结果。

我们坐在她家客厅的地板上，帮丹尼尔搭建他的玩具桥梁，还有环环相扣的木质轨道旁的小径，这时候玛雅再次对我细数了她的那些经历。"我那时候只是很震惊，根本没有意识到听力障碍之外的任何事，更不用说那些听起来那么危险的事了。"她这样告诉我。

玛雅说："我们本来想要更多的解释。如果说你准备做一个功能这么强大的检测，它能够告诉你如此之多的事情，而其中一些你还没有准备好接受或者不知道该怎么处理，这里面其实有一个非常重要的部分，那便是教育。我们当时不知道自己将会遇到什么情况，尽管我们都是受过良好教育的人。对于那些没有受过教育、没有知识和资源来理解这件事的人来说，他们该怎么办？"

我是从丹尼尔的医生伊恩·克兰茨处了解到丹尼尔的事情，克兰茨和我通过几次电话，我们用电子邮件的次数更多，比他能回想起来的更多。但是直到 2014 年的一次美国人类遗传学会的会议上，我们才真正碰面了。在一个费城儿童医院和宾夕法尼亚大学举办的鸡尾酒派对上，我们开玩笑说起了那次他和他夫人郁郁寡欢的照片出现在《时代》杂志的封面故事上，那正是我写的关于儿童基因组测序的文章，他到现在还会因此受到嘲笑。科学家们通常不习惯摆姿势，也不习惯被特意要求看起来处于沉思状态或学术上很有想法的样子。但是他的夫人南希·司平娜（Nancy Spinner）对此应付自如。他的夫人是个语速很快、说话简练的科学家，那时候正在费城儿童医院管理着一个细胞基因组学实验室。结果就是，在克兰茨的实验室里，拍了一张司平娜在梦幻般的灯光下的照片，她的左手放在臀部，而克兰茨右手插兜，目光投向远方。许多年以后，他们的同事仍然会拿那张照片嘲笑他们，在照片里他们像是深沉的思考者。事实上，他们就是。

克兰茨和司平娜是在实验室里相爱的，那个实验室研究阿拉吉欧综合征，它是一种遗传性儿童肝脏疾病。他们找到了这个疾病的遗传成因，也找到了对方（他们都没有放弃治愈阿拉吉欧综合征）。他们有三个孩子，这让他们的工作精确聚焦。在费城儿童医院里，他们帮助父母们制定孩子的基因档案。

有一次，实验室无意中发现了某个患儿携带有一种高危基因，与一种罕见的早发型痴呆有关。这让这对夫妇遇到了有史以来最令人苦恼的案例。他们的实验室和临床团队对该做什么、不该做什么感到十分痛苦，最后他们决定不告诉这对父母他们的孩子有患痴呆的风险，最早发病可能会在 40 岁左右。现阶段没有治疗方法，告诉他们这种记忆侵蚀型的疾病无异于给孩子的未来笼罩上一片乌云，可能会让父母受到毁灭性打击。司平娜的实验室成员对这个婴儿进行了检测，她说："我们逐渐意识到，我们不能泄露这个信息。医学的基本准则之一就是不要造成伤害。"

几乎在同一时间，有个学步期幼童在实验室里做了检测，最终发现他拥有一种先前提到过的基因，与儿童结肠癌相关。在一些案例中，由这种癌症引起的鼻息肉已经在小学生中发现过。这一次做决定并不像上次那样充满忧虑；保持沉默可能会让人觉得不道德。"我们对这个案例感到很乐观，"司平娜说，"合适的筛选可以带来巨大的不同。"

在有痴呆症基因的儿童的例子中，克兰茨和司平娜感到自己正在保护那对父母免于情绪上的悲痛，且针对痴呆症目前并没有治疗手段。像痴呆症一样，丹尼尔的 TERT 基因缺失也没有治疗手段。克兰茨应该按照这种经验保持沉默，把丹尼尔的父母从持续不断的痛苦中解脱出来吗？司平娜说："我开始觉得我们应该退避。我也觉得我们不应该提供所有这些具有不确定意义的突变体信息。我们应该对透漏过多信息保持谨慎。"同时，也有正当理由告知父母突变体的信息，哪怕这些突变和无法治疗的疾病相关。假设有一种疗法，甚至是一种治愈手段，在十年之后出现了，如果父母们不知道他们的孩子具有基因突变，他们就不知道自己应该用这种治疗方法。

痛苦的决策过程印证了克兰茨和司平娜的研究的重要性，他们的研究旨在弄清如何引导这个新的世界。他们招募家中患有听力障碍、自闭症、心脏病以及有智力缺陷的儿童的家庭。他们正在绘制这些人的基因组，然后问他们的父母想要知道什么，不想知道什么。美国国立人类基因组研究所是美国国立卫生研究院的一部分，多亏了它的多年资助，让研究者们可以深入挖掘如何提供基因组测序结果的细节。他们正在研究像基因组测序这样强大且全面的检测的道德和社会心理学影响，在检测之前，观察咨询所起的作用，并观察将与检测目的无关的内容告诉父母是不是合适。

在玛雅愤怒的信中，她引用希腊神话来描述费城儿童医院把她的家庭放入的窘境。

随着丹尼尔第二个生日的临近，我们看到的是一个生机勃勃、十分可爱的小男孩，他正茁壮成长，大家都这么说。那个你们为我们打开的不确定的"潘多拉魔盒"当然不可能再被关上。和现在的情形一样，我们将会永远生活在一种巨大的焦虑中，担心丹尼尔的未来到底会怎样。

当说到基因检测的时候，潘多拉魔盒的神话经常被提及。从前，在古希腊，宙斯决定对厄庇墨透斯（Epimetheus）和普罗米修斯（Prometheus）兄弟俩施以惩罚。他用黏土塑造了一个动人的女人，呼吁其他神来完善他的创作。雅典娜（Athena）把生命注入了这个女性体内，阿佛洛狄忒（Aphrodite）则赋予了她极致的美丽，赫尔墨斯使她浸染了魅力和狡猾，宙斯叫她潘多拉。

尽管厄庇墨透斯的哥哥普罗米修斯非常谨慎，但厄庇墨透斯还是中招了。婚礼的计划形成了，随之而来的还有婚礼礼物。宙斯慷慨地送给潘多拉一个华丽的盒子，并警告她永远都不要打开。这个盒子和表面上看起来并不一样。

唉，潘多拉的好奇心害死猫啊！如果她不能看的话，为什么宙斯会给她这么珍贵的东西呢？如果盒子里的东西真的非常珍贵，至少她应该偷偷看一眼，对吧？

独自一人时，潘多拉偷偷把当时跟这个礼物一起送来的钥匙插进了锁里，打开了这个盒子的锁。但是她不敢继续往下做了，所以她又把盒子锁上了。她重复了三次这个动作，直到她无法再抵挡诱惑。里面会有什么东西呢？

她的发现与预期截然不同。里面并没有什么财富或者耀眼的宝石，她被悲伤和死亡、嫉妒和疾病、贫穷和仇恨所包围，它们在她耳边嗡嗡作响，并毫不怜悯地伤害着她。她砰的一声关上了盒子，但是已经无济于事。

苦难已降临世间。

潘多拉魔盒的故事让人想起了夏娃对伊甸园里的苹果的贪婪的好奇心。归根结底，潘多拉魔盒以及田园诗般的伊甸园故事都是在说：

屈服于好奇心，只能让自己挣扎着面对失去控制的窘境。

当谈到遗传学知识的时候，潘多拉魔盒的寓意（不要过分好奇）可能就显得太简单了点。当了解之前不知道的风险因子或者疾病的时候，这可能会让人无所适从，这些知识可能是有用的，可以改变一个人的医疗保健状况。我女儿的情况就是这样。

在我开始着手写这本书后不久，我就发现，有时候那些所谓的偶然发现并不全是偶然的。它们也不能被简单地总结为玩弄潘多拉的魔盒。

应该称之为母亲的直觉吧：我家老二茜拉在 9 岁时，并没有典型的胃肠道症状，当她的血液被抽出来，试图查明她为什么会发烧一个星期了时，我曾经让她做了一些乳糜泻（一种腹腔疾病）的检测。发烧和乳糜泻无关；结果出来了，发烧是由一种之前儿科医生听诊时忽略的肺炎造成的。但是在过去几年里，茜拉的阿姨和表兄弟都被诊断出患有乳糜泻；我觉得既然她必须抽血，那更进一步做乳糜泻检查是值得的，确定麸质不会伤害到她的肠子。在我们这个大家庭里，至少是我的家族这边，超重实在是再正常不过了，她却比四季豆还要苗条。当然不是每个有这种情况的人都很瘦，但是那些患有无法治愈疾病的人们，无法完全吸收食物中的养分，因为他们的肠道有损伤。

玩笑当然是开在了我身上。如果你对某件事足够认真，你就有可能发现它。周五晚上，正当我们要把白面包拿出烤箱时，听到电话响起。那是茜拉的儿科医生打来的，他说茜拉的血液检测结果出来了，其中与乳糜泻相关的抗体含量极其高。茜拉的肚子必须远离麸质，小麦、大麦和黑麦中都含有它。可我们刚刚用八杯小麦面粉烤出了金黄色的面包。那个晚上，我只把结果告诉了我的丈夫。晚饭的时候，茜拉把蜂蜜滴在了她的面包上，然后有滋有味地吃掉了，我根本无法掩饰自己的悲伤。

小肠活检是检测这种疾病的最好标准，茜拉在感恩节后的那个周一全麻做了这个检查。她的医生在周三晚餐前打来电话，告诉我们病理学家已经给出了一个听上去不太吉利的结论，显示茜拉的小肠绒毛发育得"完全萎缩"。小肠绒毛是用来吸收食物中的营养物质的细小绒毛。这表明茜拉患有一种"隐性的"乳糜泻；血液检测以及活检确诊了她患病的情况，尽管她缺少一些相关症状。幸运的是，有一种很简单的修复手段：不摄入麸质。这可能会让生活发生一些改变。阻止摄入这种物质会使得无精打采的绒毛再次活跃起来，做好它们该做的事——在小肠中颤动并捕获周围的营养物质。

茜拉的诊断结果给出了一个标准建议，就是她的兄弟姐妹、她的父亲还有我同样该做一个检测。我们都没有患这种疾病，虽然我们的基因中仍然可能有一些突变，被称作人类白细胞抗原（HLA）复合物。人类白细胞抗原复合物在我们的免疫系统中起着关键的作用，它帮助我们识别体内的蛋白质和由病毒或细菌等隐蔽入侵者产生的蛋白质。乳糜泻患者的免疫系统会不适当地对麸朊敏感，那是一种麸质蛋白。接触麸质会引发免疫系统的攻击反应，并导致炎症和肠胃损伤。

关于乳糜泻有一点很有趣，几乎所有患者的人类白细胞抗原复合物基因都产生了至少一个变化。30% 的患者只有一个这样的基因错误，还有 30% 的患者不必非要戒除麸质。实际上，只有 3% 有这种基因变化的人会患乳糜泻，所以很明显有些东西在起作用——一种基因与环境之间的交互，如我们吃的食物、呼吸的空气，或者其他基因改变。

乳糜泻并不意味着世界末日。但是作为一个 9 岁的孩子，却不得不放弃在学校给同学庆祝生日时的纸杯蛋糕或者派对上的比萨，与这一切说再见不是很容易。对茜拉而言，发现她有乳糜泻既是一件好事也是一件坏事。我知道这可能有点讲不通，但是有时候我想如果我们现在不知道这件事，等待更长时间直到症状出现会不会更好点。从医学上讲，这是不理性的，但你很难说服一个没有症状的小孩子，让她随时都要阅读食物标签，在学校话剧排练后派发包括椒盐脆饼在内的零食的时候忍着饿，还得永远对麦芽牛奶球说不。我感觉我有一点像丹尼尔的妈妈玛雅，背负着一个看似健康的孩子那令人担忧的医学信息。

在茜拉的情况中，没有所谓的乳糜泻症状当然是假象。虽然她感觉很好，但是蛋白质正在制造肠胃紊乱。知道她有自发免疫紊乱后，我们可以着手治疗这件事。但是丹尼尔就没有特殊的食谱可以帮助修复他的基因缺失。

∞ ∞ ∞

为了有意义的变化，人们常常愿意敞开心扉。玛雅希望通过给治疗丹尼尔的费城儿童医院写信，影响医生们考虑遗传信息以及它可能带来的巨大情感冲击的方式。在费城儿童医院，玛雅愤慨的信没有让她成为 VIP（在医院中指让人非常难以忍受的病人）；实际上，她的直言不讳得到了回报。这件事情使萨拉·努恩意识到，即便是不像测序一样全面的基因检测，也应该有详细的知情同意书，用来教育父母和他们的孩子，讲述这个检测相关的事情以及他们可能获得的信息。同时，玛雅也收到了一个邀请，参加医院临床遗传学智囊团成立大会。她可以借此机会深刻思考，在交流检测结果方面，国家最卓越的儿童医院之一是如何做出错误判断的。这次活动由多伦多大学一同承办，包括克兰茨和司平娜在内的专家们讨论了诸如如何分享检测结果、如何给父母们解释，以及在结果透露之后如何为该家庭提供支持。

在了解到克兰茨及他的团队决定做得更好之后，玛雅被他们打动了，她决定去参加。她并不是唯一一个在场的父母：梅雷迪斯·哈迪（Meredith Hardy）是两个孩子的母亲，她的孩子同样在费城儿童医院接受治疗，她也受到了邀请，但却是由于不同的原因。哈迪希望她能尽可能多地得到关于她两个孩子的健康信息。她的孩子叫尼尔斯和拉克兰。在小儿子只有 3 周大的时候，她注意到婴儿车中的他脸色发青，于是不得不赶快给他做心脏复苏。给孩子做心脏复苏成了一种常态，她做了太多次了，以至于后来再给急诊医生打电话的时候已经不再惊慌。哈迪已经 45 岁了，她说："我和朋友打着电话，就能把我的儿子抢救回来一次，我的孩子可能刚才还好好的，20 分钟后却几乎就要死了。"

尼尔斯 12 岁了，拉克兰 10 岁，他们都有线粒体紊乱（Mitochondrial disorders），这意味着他们的身体不能产生足够的能量。至少，这是他们最可能的诊断。线粒体紊乱是一种广泛类别的疾病；哈迪的孩子被诊断患有某种 "mito"，这个词取自 "Mitochondrial"，是基于一种肌肉活检得出的结果。这种病的症状包括失眠，患者的自发性功能，比如呼吸、心跳和体温控制都会紊乱。药物正在减缓男孩的衰竭过程，但是无法阻止它。癫痫是最能让他们变虚弱的症状之一，哈迪说："癫痫把他们的脑子变成了意大利面。"

丹尼尔并不像尼尔斯和拉克兰那样生活艰难。他正忙着装配火车轨道和搭积木，像正常儿童那样可以举起一些重东西，虽然他的听力障碍现在还无法解释。

这是一个关键区别：如果你认为你的孩子很健康，就像玛雅那样，你可能不想要一个隐晦的信息，那暗示着他将不能继续这么发展下去。但是如果你知道你的孩子患有严重的疾病，就像尼尔斯和拉克兰那样，你可能会有完全不同的想法。理论气球已经爆炸了：作为父母，你有权选择知道每一个细节。哈迪想要尽可能地做好充分准备。实际上，《公共卫生基因组学》（*Public Health Genomics*）杂志 2015 年发布的一项研究对母亲们了解基因组信息的兴趣程度做了统计。这项研究由密歇根大学公布，他们发现在孩子有两个以上的健康问题时，父母们会更有兴趣为自己和自己最小的孩子做"预测性基因检测"（预言未来疾病或疾病风险的检测）。

虽然父母有不同的视角，但是对于结果应该怎样呈现，以上提到的两个母亲都有相似的观点。他们都想警告智囊团的参与者们，尤其是其中的遗传学家、遗传学咨询师、实验室技术员，还有医学生，对于他们反馈的结果一定要保持清醒头脑，并在教育病人与父母有关基因检测的前景方面做得更好。

哈迪在被邀请去参加会议后，感到自己都快成追星族了。她的儿子接受了数十位医生的治疗，她说："我不看名人杂志。这些医生就是我的明星。对我来说，这就像邀请我参加奥斯卡颁奖典礼派对一样。"她和玛雅几乎没能上客人名单。当医生以及遗传咨询师们已经见面聊过之后（智囊团），某人突然发现，他们已经花费了数个小时来讨论如何更好地就遗传学的复杂性和父母们交流，然而他们却没有询问过父母们的意见。

这是病人和信息提供者之间差异的另一个例子。"这些人智力超群，这很激动人心，"哈迪说，"但是他们说的话和你我之间说的话完全不同。如果你问我外显子组测序和全基因组测序之间的差异，我想我又忘了。对于大多数患者家庭来说，你应该慢下来，在咨询过程中慢慢引导他们。"

哈迪的多轮基因检测经历非常具有指导意义：正如她指出的那样，基因检测，尤其是对于复杂的、未知的疾病来讲，不是一个一劳永逸的解决方案。它通常需要多次重复，来考虑新的基因和新的疾病之间的关联。"基因检测就像是钓鱼，"她说，"你从海里能够钓到的东西，就好像读一本新语言的字典一样。有时候你打开字典，词类列出来了；有时候你可以读出来一个单词，但是却不了解它的定义；有时候你可以读懂那个单词的定义，也知道在语言里该怎么用。你试着想想我们的 DNA 链，这就像是你遇到过的最大的字典了。"

大部分人都不懂哈迪提到的新语言，除了遗传学家和遗传咨询师。甚至没有遗传学背景的医生，置身其中也是一头雾水。随着每一个新基因的发现，这个知识的无底洞每天都在变得更深。就算当下测序已被誉为神技，它也只能测出 30% 的患病情况。

做基因检测的过程涉及从血液或唾液中取样，有时候是从尿液或肌肉组织中取样。哈迪称这很野蛮，不论是从情感上、智力上还是从生理上来看。严格的问卷和填表过程可能要持续数个小时，并涉及数位家庭成员，有时候甚至是整个大家庭里的成员。

检测费用也很昂贵，保险公司会报销其中一些检测费用，但是还有一些则不会包含在内。一些家庭告诉哈迪说，他们认为测序价格应该会达到 5 位数。"经历了复杂的检测过程，却得不到任何结果，这让人很受打击。"哈迪说，"这个过程可以是让人大开眼界，但也可以说是彻头彻尾的虐待。遗传咨询师可以带来很大的不同。"

医生们也许是真正做出诊断的人，但是遗传咨询师通常获得知情同意权，并解决教育难题，解读基因检测及其结果。不过，人们想要知道什么，想要知道多少，这都是随着时间而改变的。

当哈迪和她的丈夫约翰·斯特劳尼克斯（John Strautnieks）2009年第一次做外显子组和基因组测序的时候，他们试图确定他们遗传给孩子的基因变异。斯特劳尼克斯当时 45 岁，他坚持一件事：他不想知道他是否把克雅氏病（一种神经紊乱病）遗传给了孩子，这和孩子的状况无关。他的妈妈 55 岁就因为克雅氏病而死了。这种朊病毒疾病会损害人类和动物的神经系统。在人类身上，克雅氏病的发病通常很快，发病几个月到几年之内就会死亡。

大多数情况下，这种病 100 万个人中会出现一例。患者朊病毒蛋白会出错，在大脑中制造出小的、海绵样的洞。克雅氏病源于一种不同的变体，它是获得性的，与疯牛病相关。它是由于人类吃下了感染朊病毒的牛肉造成的。

大约 10%~15% 的朊病毒病被称作家族式克雅氏病，它是可以遗传的、由 PRNP 基因的突变引起的。PRNP 基因控制了朊病毒蛋白的产生。

科学家们对于朊病毒蛋白的功能还不清楚，但是它们可能与大脑细胞或神经的制造相关，也与这些细胞之间的联系相关。拥有这种遗传病的人会生产大量奇形怪状的蛋白，蛋白在脑内沉积下来，杀死神经元。神经元死亡的时候，就会在大脑上生成针孔状的洞，就像海绵孔那样。这种海绵质会引起失忆、发烧、听觉和触觉迟钝、吞咽困难、痉挛等症状。发病不久后，患者就会死亡。

斯特劳尼克斯从不想知道他是不是从母亲那里遗传了这种病。当他知道他可以通过外显子组测序结果知道这一点的时候，他说，谢谢，不要。在那个时候，正如哈迪所说，如果让他知道自己头上笼罩着一个死亡期限的话，他承担不起知道结果的后果。

几年以后，他们的家庭考虑再做一次测序，来看看有没有什么和孩子情况相关的新的基因发现，这时斯特劳尼克斯改变了主意。"他想要知道，"哈迪说，"因为他愿意获得更多的信息。"

就孩子的情况而言，探知未来比拥抱现状更让哈迪和她的丈夫感到舒心，因为他们意识到未来与期望中的情形是大相径庭的。

"我们已经放弃了以前对于未来的猜测，"哈迪说，"我们需要计划。我们需要新的经济安排和特殊需要信托。我过去总想要知道所有的事情。如果我们能够清楚地知道他会在55岁离开的话，从现在起，我们就要好好地快活地过自己的日子了。"

她停顿了一下，重新想了想，说道："实际上，我们已经在快活地生活了，因为我们不知道孩子的未来是怎样的。"我问哈迪"快活地生活"是什么意思，她的回答透露出令人震撼的率真：

我们让自己尽可能多地对快活、笑声、玩耍说"来吧"。我们同样尽可能对侵犯这些快乐时光的事物说"走开"。

如果我们正在度假，并正在享受时光，我们尽可能地延长它，通常延长一个礼拜。

是的，我们会逃课！我们的两个孩子年年都要好好学习。如果我们在学业上不能跟进，我们就失去了牵引力，所以我们在夏天会做许多功课。考虑到这种情况，在正式的学年，我们就跟着自己的步伐了，因为我们储存的精力是有限的。我们有时会翘掉学校的课去休息或玩耍。我近来不止一次送尼尔斯上课迟到了，只是因为尼尔斯和拉克兰以一种神奇的方法玩在了一起。

不，我们不参加本来必须去的学校典礼和聚会。

不，我们不去教堂。我们更喜欢窝在家里看《星期天早晨》（*Sunday Morning*），这是 CBS 的一档政治、新闻和热点节目。孩子们喜欢看！

不，我们不参加志愿活动。我们更喜欢随心做一些善行。

不，我们不修理前门（门上有个裂缝，透过它你可以看到日光）。因为我们决定去和海牛一起游泳，在寒假的时候去大沼泽地上划皮船（在约翰爸爸住的地方附近）。

是的，我们花掉了我们所有的积蓄，但我们不会退休。

这是一位母亲绝望地了解了关于自己孩子健康的所有信息后的感言。对于哈迪来说，不存在过多的信息这种说法。但是，在被强塞了还没有准备好接受的信息后，玛雅也有同样强烈的感觉。如果说通过反转那些范例，有可能简单地回避许多家长准入的问题，会怎样呢？包括谁拥有你的信息的所有权，那些实验室和医生们必须反馈什么信息，还有哪些信息他们最好不说。如果把病人的权利看作至高无上的，而不是把决策权交给医疗部门，会怎么样呢？

这些正是迈克·班夏德（Mike Bamshad）提出的疑问。

The Gene Machine 06

拥有开放性未来的权利

反馈检测结果大论战

20 10 年，华盛顿大学医学院儿童遗传医学学科带头人迈克·班夏德与人共同领导了一个小组。该小组首开先河，为父母和两位成年子女分别进行基因测序，以找出问题根源。最后，小组成员成功找出了引发米勒综合征的基因。黛比·霍尔德（Debbie Jorde）的两个孩子因为罹患米勒综合征而四肢畸形、下巴后缩。严格遵照标准的研究协议，成员们得花大量时间，征求接受检测家庭的正式同意后，方能与其交流每项可能的发现。然而，结果一出来，小组成员就得向病人一一反馈结果，程序繁琐，以至于成员们疲于应付，常常感到沮丧。有一项叫作原发性纤毛运动障碍的检测十分复杂，这种症状和囊性纤维化类似。班夏德回忆说，当时各个家庭想要的结果不一样，有的家庭对于结果的偏好会随着时间而改变。他认为必须找到一个更有效的方法，便于受检测的家庭筛选想看的结果，缩短拿到结果的时间。

过去，班夏德一次只为一个孩子进行一项基因检测，做一项检测会出来一项结果，然后由小孩的家人来诊所一一取回。但是对于一个人来说，测序要扫描的基因数量高达 19 000 个。随着基因测序逐渐成为主流，每次测序会产生庞大的数据，意味着诊所根本没有时间和每个家庭逐一查看检查结果，逐个问道："这项信息你想看吗？那个想看吗？"

"这样下去不行啊，咱们不能这么干了。这太不切实际了！"班夏德对同事说道。于是大伙开始一起想办法。

在班夏德看来，外显子组测序和基因组测序与其说是测试，不如说是一种资源。他并没有像费城儿童医院的伊恩·克兰茨和南希·司平娜那样，纠结于该给客户看哪些结果。他认为办法很简单，那就是诊所把详细结果做出来，然后把选择看哪些结果的权力留给病人。

为了实现这一目标，班夏德和同事、遗传学家兼生物伦理学家霍利·泰伯（Holly Tabor）开发了一款网页式项目——My46。这个因人体染色体数量而得名的项目就像一个在线的文件夹，病人可以管理自己的数据，储存遗传检测的结果，并在合适时调出某项结果进行查看。在 My46 平台上，预测几年后可能会引发癌症或其他疾病的检测结果（与费城儿童医院的早发性痴呆基因类似）可以存在一个设有密码的秘密账户上，用户可选择何时查看结果。班夏德表示："如果你带着八岁的孩子去看病，就可以把结果调出来供医生参考。最终，所有人的基因图谱都会被存储在云端。"

婴儿接受了测试后，父母可以查看只对婴儿近期有影响的结果，也可以选择查看所有的结果。同时，所有的检测结果都实时存在线上数据库中，父母或者孩子长大后可以随时查看。这个模式已经在华盛顿大学启用，用于存储研究结果。未来它还会免费为研究人员和非营利组织服务。经验数据表明这个模式得到了受测家庭的认可。班夏德表示："如果孩子一生下来就收集其基因图谱信息，人们就会想知道如何处理这些信息。我们根本不担心这个问题，因为 My46 这个工具可以交付检测结果。"

我们在前一章提到过，不同的父母对于获取哪些基因信息的看法千差万别。以往诊所都以父母的意愿为主，而班夏德希望提供遗传学专家和相关机构认为父母应该知道的信息，并不断尝试如何使父母管理好子女的基因数据。

班夏德坦言，自己的观点与担忧泄露健康数据的同事截然不同：他并不在乎我们是否应该反馈数据，他在乎的是该如何反馈数据。他和同事们从实验中得出了结论，认为在早年间检测基因信息很有必要；借着为首个核心家庭进行测序的机会，班夏德和其团队占得先机，很早就开始思考基因测序和基因信息的相关问题。班夏德说："我们已经展示了获取婴儿甚至胚胎基因图谱信息的实用性，认为这对于家庭来说有潜在利益。"

然而，传统观点和专业人士都认为除非有医疗需求，18 岁之前不应该进行基因检测。班夏德不赞成这种做法，他援引乳腺癌基因 BRCA 的例子说道："我们建议一些父母做测试，现在人们都说些模棱两可的话，告诉父母由于家族中有人患有乳腺癌，所以他们的孩子患乳腺癌的概率较高，但又不愿意给孩子进行检查得出准确的数据。如果我们在诊所里为那些很可能患乳腺癌的人做咨询，他们还带着年幼的女儿，那么我们为什么要无动于衷，一直等到小女孩成年？为什么我们不能为她做个检测，然后说明她是不是乳腺癌基因携带者，并告诉她应该注意的事项？我们应该利用基因信息来提高医疗保健水平，最显而易见的途径就是预防疾病。这是明摆着的道理。"

一旦父母发现自己的孩子不是基因突变的携带者，就可以松一口气了。"这件事意义重大。"班夏德说。

如今在斯坦福大学就职的泰伯接过话头说道："即使她真的是乳腺癌基因携带者，知道情况会更加糟糕吗？父母反正总是提心吊胆的。反对者们强调人们有权拥有开放的未来，而一旦知道孩子有乳腺癌基因突变，可能对待孩子的方式就会不同。可是如果母亲知道自己的基因突变的话，她可能从一开始就对女儿特别对待了。我们已经在孩子身上做过假设了。在检测结果出来之前，我们没有任何证据证明结果一定是不好的。大多数情况下，做基因检测利大于弊。"

My46 虚拟文件柜的作用在检测结果难以判定的复杂案例中尤其显著。在基因检测功能日益强大的今天，有的检测结果也并不能当即断定。随着基因检测结果的定期发布，为日后新的基因发现和找寻新的治疗手段而存储检测结果就显得格外重要。

开发 My46 的灵感来源于黛比·霍尔德的成年子女。黛比的女儿希瑟出生于 1977 年，儿子洛根出生于 1980 年。直到他们三十多岁时，他们的致病基因才被找到。

希瑟出生时小臂短缩，手和手腕弯成了 90 度。医生对此大惑不解。希瑟长到一岁半的时候，一位遗传学家告诉居住在盐湖城的霍尔德，与希瑟类似的案例再次出现的可能性不到百万分之一。尽管如此，为了消除忧虑，霍尔德在怀儿子洛根 7 个月的时候做了超声波检查。当时能逼真地反映子宫内部情况的 3D 影像技术尚未出现，从模糊的影像看，子宫内胎儿的手腕似乎是直的，但生下来后发现弟弟的情况和姐姐出生时一模一样。医生当时的反应霍尔德到现在都忘不了，她说："儿科医生走进来对我说，'恭喜你创造了载入医学史的案例。'"

随着两个孩子逐渐长大，医生越来越肯定他们的诸多症状是基因导致的，比如手指和手腕弯曲、腭裂、前臂短小和下巴后缩等。但在拿到 DNA 证据之前，谁也不敢轻易下结论。霍尔德说："整整 32 年，我们都不知道病因是什么。"最后，2009 年电子版《自然遗传学》杂志发表的一篇文章确认了病因，这篇语气生硬唐突的文章名为《外显子组测序确定孟德尔遗传病病因》（ *Exome Sequencing Identifies the Cause of Mendelian Disorder* ），它填补医学领域一大空白。

多年之后，霍尔德仍对遗传学能够揭示的奥秘饶有兴趣。她和前夫带着两个孩子一起做基因测序时，泰伯医生首先问霍尔德想知道多少信息。霍尔德说："我们告诉每个和我们谈话的人，我们不怕知道任何消息。我们的生活轨迹和普通人早就不一样了。"研究人员问她如果知道自己有乳腺癌的基因会如何，是否还想知道这一切。霍尔德说："我当时态度坚定，说了句'当然想'，不知情并不代表你没有患病。"

如今我们正处在十字路口，必须抉择如何分享、解读和利用我们的基因信息。我们往往烦心于谷歌会记录我们的购物习惯，为有人通过星巴克的无线网络就可以盗取顾客的银行账户而提心吊胆，但这些隐私被侵犯的烦恼在存储于我们 DNA 内的生物化学奥秘面前都会黯然失色。

对此，就职于布莱根妇女医院和哈佛医学院的生物医学家罗伯特·格林（Robert Green）表示："现在的情况就像罗夏墨迹测验情景 ①。罗夏测验因利用墨渍图版而又被称为墨渍图测验，现在已经被世界各国广泛使用。罗夏墨迹测验是最著名的投射法人格测验。目的是为了诱导出被试的生活经验、情感、个性倾向等心声。被试在不知不觉中便会暴露自己的真实心理，因为他在讲述图片上的故事时，已经把自己的心态投射入情境之中了。一些人当然会说所有的信息或多或少对人类都有价值，我们应该共享。而另外一些人则主张不透露任何偶然发现的信息，但这样做并不合适。

要使两种观点达成共识似乎是异想天开，然而格林通过美国医学遗传学与基因组学学会的命令将这点变成了现实。2013 年，由格林担任共同主席的美国医学遗传学与基因组学学会公布了一份推荐清单，要求全国的实验室，无论测试的目的是什么，无论受试家庭想看哪些结果，都应将清单上的附加发现全部反馈给他们。这份清单最初被命名为"ACMG56"，56 是该学会要求实验室扫描并反馈的基因数目。这意味着在实际操作中，假如受试儿童进行基因检测是为了诊断某种难解的紊乱症状，那么他（她）必须接受 56 个基因扫描，这种扫描可以

---

① 罗夏墨迹测验是由瑞士精神科医生、精神病学家赫尔曼·罗夏（Hermann Rorschach）创立。——译者注

发现 24 种左右的症状，便于医生治疗或干预。换句话说，如果人们想要进行外显子组或者基因组测试，那么需要接受这些基因的测试结果。

以丹尼尔为例，从其在费城儿童医院做基因检测的经历来看，附加发现或偶然发现并不新奇。我们都听说过这样的故事：人们本来想做个与癌症毫不相干的扫描，结果却意外检查出了癌症。格林说："这就好比你骑自行车摔倒了，想做个 X 光看看哪根肋骨断了，但放射科医生会检查整个 X 光片，如果有别的结果被检测到，他就会自动把所有情况都反馈给主治医生。"与 X 光片相比，现在的基因检测只是范围变广了：理论上，受伤的自行车车手接受扫描时可能偶尔会发现肿瘤，但涵盖几千个基因的基因组扫描要准确得多，它很有可能发现一些可疑迹象。

格林正在研究将遗传学与基因组学应用到医学实践乃至整个社会的影响。他注意到儿童的情况尤为复杂，因此说道："人人都会有偶然发现，这取决于如何定义'偶然'。孩子小的时候，反馈的结果不会使他们感到麻烦，但等到长大后可就不一样了。如果发现孩子有可能在他们四五十岁时患上癌症，而长久以来的传统道德准则认为你不应该告诉他的家人这件事，那这是多么令人纠结的一件事情。"

遗传学界的很多专家，尤其是生物伦理学家强烈反对这项新规定，他们认为不顾病人想法而强制规定检测项目的做法最令人难以接受，尤其是这些结果可能给人带来麻烦。来自芝加哥大学的儿科医生、生物伦理学家莱妮·弗里德曼·罗斯（Lainie Friedman Ross）表示："有了这项规定，哪还有'偶然发现'一说。"

罗斯强烈反对美国医学遗传学与基因组学学会的规定，这有点让人惊讶。就在 56 项指导意见公布的同时，罗斯授权美国医学遗传学与基因组学会和美国儿科工作者组织——美国儿科学会，联合发布了一份期待已久的关于儿童基因检测的声明。这项声明与 56 项指导意见截然相反，尽管美国医学遗传学与基因组学会同时参与推动了这两项规定的制定和发布。罗斯不建议广撒网以寻找潜在的致癌基因变化，还认为基因检测应该符合儿童的"最大利益"，因此大多数情况下应只用于诊断疾病。

然而棘手的是，目前对于"最大利益"并没有一个公认的定义，特别是因为在很多情况下，人们认为儿童的最大利益涵盖了其亲属的最大利益。美国医学遗传学与基因组学学会指导的各实验室，无论父母是否要求，都要扫描儿童的基因组，以找出大量与疾病相关的变体。这样做不仅可以在儿童早期发现疾病或致病风险，而且可以帮助受检的成年人发现疾病。班夏德和泰伯所举的乳腺癌基因突变的理论性例子中，做乳腺癌基因检测对一个还有几年才发育的小女孩来说意义不大，但是对于将这一基因遗传给她的母亲或者父亲来说，这个检测关乎性命。格林说："尤其是在发现母亲有乳腺癌基因的时候，做这个检测可以挽救母亲的生命。为了反对人士口中的保护儿童最大利益，而使母亲死于乳腺癌，这种做法毫无道理可言。"

尽管如此，有些人认为要求自动为儿童检测疾病风险仍有强迫意味。2013 年在西雅图儿科研究院（Seattle Children's Research Institute）的生物伦理学家研讨会之前，几位生物伦理学家举行了一次小型会议。会上，来自范德堡大学的艾伦·赖特·克莱顿表示："一般的儿科伦理框架的确呼吁要符合儿童的最大利益，但乳腺癌这种情况例外，因为这种情形涉及挽救家庭成员的生命。除此之外的大多数情况下，我总是把孩子比作煤矿里的金丝雀。我一直这么觉得。从儿科伦理的角度来说，美国医学遗传学与基因组学学会的规定严重偏离了其赖以存在的基础。"

抛开你是否认可美国医学遗传学与基因组学学会关于附加发现的规定不谈，罗斯提出了一个很好的观点：如果故意去寻找某项结果，它是否还能被定义为"偶然发现"？

2014 年，美国医学遗传学与基因组学学会正式一致同意，将"偶然发现"（incidental findings）定义为"第二发现"（secondary findings），本书剩余章节将采用这一术语。美国医学遗传学与基因组学学会委员会成员、遗传学家谢莉·贝尔（Sherri Bale）参与了这项决定的做出，她认为这个意见事关重大，绝非文字游戏。谢莉表示："我们应该实话实说，这就是我们想要的检测结果，所以不应该叫'偶然发现'。"

关于定义的争议告一段落后，遗传学界的争论仍在继续，专家们在讨论哪些基因（如果有的话）应该被列入常规检查的清单（这份清单已经扩展到 59 个基因）。经过激烈的论战，美国医学遗传学与基因组学学会最终于 2014 年修订了指导意见，做出了让步，规定父母（其实是所有人）可以选择不参加额外的基因图谱扫描项目。即如果本人不同意，将不再自动安排必检项目。

∞　∞　∞

只要在遗传学家或是生物伦理学家协会举办的任何会议上待上一会儿，就会发现"埃尔茜"（ELSI）是大家热议的话题。最初听到这个名字的时候，我以为这是与会的一位女研究员的名字，认为她可能是位著作等身且颇有影响力的杰出科学家。然而事实上，埃尔茜是日渐兴盛的基因组学几方面影响的首字母缩写，即道德（ethical）、法律（legal）和社会（social）影响。

2014 年 10 月，美国人类遗传学会、美国生物伦理委员会与美国人类学协会共同举办了研讨会，聚焦于神秘的"埃尔茜"。会上，哥伦比亚大学生物伦理学硕士项目负责人、精神病医生罗伯特·克里茨曼（Robert Klitzman）就应该分享何种信息提出了一种思路："有时候，预防其他人患重病应该比人们的隐私权更重要。"换言之，如果基因信息对其他人的健康有重要意义，那么诊所应该告知受测者检测结果。为了证明自己的观点，克里茨曼在他讲述人们如何决定是否接受基因检测的著作《我的基因构成了我吗？在基因检测时代直面命运和家庭秘密》（*Am I My Genes?: Confronting Fate and Family Secrets in the Age of Genetic Testing*）中讲述了一个在精神疾病年鉴上出现的经典法律案例：塔拉索夫诉加州大学董事会案（Tarasoff v. Regents of the University of California）。

1968 年秋天，加州大学伯克利分校的研究生波罗森吉特·波达尔（Prosenjit Poddar）和塔蒂阿娜·塔拉索夫（Tatiana Tarasoff）在学校的民族舞课堂上相遇了。除夕夜，两个年轻人来了个新年之吻。波达尔认为两人一吻定情，无奈塔拉索夫对他并未动心。通常情况下，失恋的波达尔可能会留下几滴伤心泪，独自疗愈情伤后再开始新的生活。然而他却误入歧途变成了跟踪狂。连续几个月，波达尔内心抑郁难解，他开始求助于心理医生，并向医生透露了自己想要杀死一个女人的念头。他并未说出目标人物姓名，只是假设会是塔拉索夫。心理医生告诉校园警察应该把波达尔送至精神病院。波达尔被短暂拘留了一阵，随后经执法机关认定精神状况正常而被释放，他的心理医生的上级领导也认为没必要继续扣留他，被释放的波达尔依旧对塔拉索夫死缠烂打，甚至接近塔拉索夫的弟弟，并在塔拉索夫回巴西老家过暑假时搬到了其弟弟的住处。1969 年 10 月，在他们的新年之吻超过 9 个月后，波达尔刺死了塔拉索夫。尽管波达尔曾向自己的心理医生透露过这一意图，但塔拉索夫却从未接到过任何警告。

塔拉索夫死后，她的父母将加州大学董事会告上了法庭，结果下级法院拒审此案，但加利福尼亚州最高法院站在了塔拉索夫家一边。最终法院裁定：在加州境内及加州人民中，治疗专家有义务提醒或保护严重犯罪的受害者，以便其采取预防措施。

这个例子与遗传学有什么关系呢？克里茨曼表示，故事中治疗师有义务预防其病人对他人造成伤害，正如现在讨论的医生应该公布可能会导致严重疾病且可治疗的检测结果。那么足够"严重"该如何界定？该由谁界定？事实上，法律一直在探索解决途径。在塞弗诉帕克庄园案（Safer v. Estate of Pack）中，新泽西州的一个法庭裁定医生（本案中指帕克医生）有义务采取"合理的手段"，提醒病人的亲属其可能有患结肠癌的风险。

如果没有这项规定，新泽西州杰克逊市的高中英语教师劳里·亨特（Laurie Hunter）就无法从女儿的基因检测中发现自己患癌的风险也增强了。

亨特有三个孩子，其中两个女儿有严重的基因异常，但彼此的病症并不相同。亨特的女儿在青春期时出现了发育迟缓的症状：双臂僵硬，无法为自己擦洗；肌肉无力，不会自己擤鼻涕。亨特带女儿做检查想查出病因，但却意外发现自己和女儿有同样的基因缺陷，且有患癌的风险。听到这个结果，亨特呆住了：她可能患上的那种癌症平均发病年龄是 30 岁，而当时她已经 42 岁了，第一次发现自己和女儿阿曼达一样，第一条染色体中缺少了 7 个基因。如今她定期接受检查，争取尽早发现癌症迹象。

阿曼达如今已经 17 岁了，在她两个月时亨特就察觉到了异样：阿曼达像一袋土豆一样浑身松软，临床上这种症状叫"低肌肉张力"。阿曼达有一头深色直发，深邃的眼睛，深色的柳叶眉。但漂亮的她直到两岁才学会走路，此外还一直接受语言障碍矫正和职业疗法，据亨特说，阿曼达"表现好的时候"，能在智商测试中得 75 到 80 分。

检测结果表明，阿曼达缺失的基因并不是她发育迟缓的原因，但其中一项 SDHB 基因（琥珀酸脱氢酶 B）的缺失与癌症相关。琥珀酸脱氢酶 B 是肿瘤抑制基因，缺少这个基因意味着人体无法抵御肿瘤。这种基因的改变，或者像阿曼达一样缺失此项基因，会增加患遗传性副神经节瘤综合征 4 型的风险。这种肿瘤多长在腹部，但也会长在头上和脖子上。

为了确认阿曼达的基因缺失是遗传而来还是自发现象，亨特和前夫共同接受了检查。遗传咨询师打电话告知了结果：亨特和女儿有同样的基因缺失情况。亨特惊呆了。在亨特为我的儿童基因测序系列写的一篇文章中，她用第一人称的语气写道："听到检测结果，我感觉最坏的噩梦变成了现实。原来我有基因缺陷，还遗传给了孩子。"

考虑到亨特的生活状况，这种打击更令人难以承受。2010年，亨特的二女儿凯琳出生，被诊断为第四条染色体存在随机或新发缺失，患有4号染色体短臂末端亚端粒缺失综合征，残疾情况比阿曼达更严重。凯琳的哥哥瑞安比她大两岁，发育状况良好。亨特万万没想到的是，最糟糕的事情是自己把基因缺陷遗传给了女儿，如果是这样的话，她也有可能遗传给了另外两个孩子。亨特说："遗传咨询师说我有基因缺失情况的时候，我马上想到儿子也有患病风险。这个想法几乎让我崩溃了。我知道这么说对两个女儿不太公平，但是她们已经饱受病痛，查出有患肿瘤的风险只不过是再多看一位医生而已。如果儿子也有危险，我就是把他也拉到了这个深渊里，这无异于雪上加霜。本来以为我至少有个寄托梦想和希望的健康孩子了，但现在他也有风险了。"得知儿子瑞安没有她和阿曼达的基因缺陷后，亨特深吸了一口气，感到如释重负。但她的生活仍异常艰难。

我现在仍然还得为自己操心。平时忙着照顾两个健康状况异常的孩子，我根本没有自己的生活，都已经记不起上次做常规体检是什么时候了。有时候我的血压可能已经高得不得了了，但是自己却并不知道。每周一和周三，两个女儿要接受两个半小时的语言和物理疗法，我下班后就直接去接她们。周二是骑马机治疗日。周四是我的开放日，如果需要看医生，我就这天带她们去。周五的时间留给儿子。我给他报了体操课，因为为了照顾女儿我把儿子困在医生和各种治疗中间太久了。

如今，除了为阿曼达每年检查血液，每隔一年做全身核磁共振成像扫描外，亨特自己也要做核磁共振扫描。在一次检查中，她发现自己的膈膜有损害。在邮件中，亨特讽刺地写道：

医生认为可能是副神经节瘤。我上周四去做了正电子扫描，希望明天能拿到结果。如果真的是肿瘤，那寒假可能会有手术等着我了，唉！

考虑到诊所认为癌症的发病年龄在 30 岁左右，阿曼达还是个小女孩，再加上阿曼达的发育迟缓与基因缺失无关，所以如果诊所决定不公布她的基因缺失情况，也不告知检测结果对亨特的影响，将会有怎样的后果？这样的话，亨特很可能在年老时患上肿瘤，因为她事先不知道做预防性筛查。

疾病状况的可预防或可治疗程度决定了医学界的"可操作性"。是否能采取行动为诊断做些什么？如果答案是肯定的，医生会支持对儿童进行扫描；如果答案是否定的，医生就不会要求这么做。

早在测序成为医疗保健的重要组成部分之前，北卡罗来纳州大学教堂山分校的护理学教授马西亚·凡·里佩尔（Marcia Van Riper）就进行了一次实验，研究接受基因检测的家庭的受检经历。他选取了五种症状，其中包括由大脑内神经细胞恶化引发的亨廷顿舞蹈病。亨廷顿舞蹈病常常作为经典的可怕案例出现在遗传学中，因为一旦有基因异常，即三个 DNA 碱基像跳针的老式唱片机一样重复数十次，那么肯定会得此病。在正常功能的基因中，CAG 序列通常重复 11 到 29 次，但在异常的基因中重复次数会多达 80 次。这导致了由亨廷素基因产生的亨廷顿蛋白发生折叠异常并纠结成一团，在大脑中结块并扼杀神经细胞。在大脑中负责指挥运动的基底神经节以及负责思维和记忆的大脑皮质中，这种症状尤其严重。

亨廷顿舞蹈病在遗传学历史上占据独特的地位。1983 年，亨廷素基因成为首个在特定染色体中被隔离至某一点的基因；1993 年，亨廷素基因突变点被找到了。

亨廷顿舞蹈病的症状常在中年人，尤其是过了鼎盛生育期的人群中显现。用药可以缓解症状，但是没有疗法可以去除病根。如果有人患病，那么他的每个子女有 50% 的可能性也会患病。患病的父母要想打破这个死循环，可以选择不生孩子或者领养孩子，也可以选择胚胎植入前遗传检测，这样准父母就可以选择没有变异的胚胎，抑或是选择产前诊断，在发现胚胎存在变异后选择堕胎。否则，这种病会不断蔓延到家族的各个角落，腐蚀掉家族的根基，折断新生的枝桠。

讲述了患病家庭的艰难抗争后，凡·里佩尔又讲了一个振奋人心的故事：来自两个亨廷顿舞蹈病患者家庭的未亡配偶彼此相爱了。其中一家的丈夫和另一家的妻子都因亨廷顿舞蹈病去世了。里佩尔说："诊所里的人觉得让他们见见面可能会好一点，两个人见面并结婚了，共同抚养着两家的 10 个孩子。"

两人结婚时，他们的孩子在 10 岁到 21 岁之间。里佩尔采访他们时，孩子们都已成年，有几个孩子的亨廷顿舞蹈病已经确诊，有的知道自己的基因可能会变异并患上此病。这些孩子患病后，迟早会变得异常焦躁、抑郁且出现记忆力减退或认知障碍等症状。

一般情况下，亨廷顿舞蹈病的症状会持续 15 到 20 年。患者可能会出现舞蹈病（chorea），即身体不受控制地抽动，以及身体僵硬、四肢不协调等症状。他们也可能走路不稳，看起来就像醉汉一样。歌手伍迪·格思里（Woody Guthrie）从母亲那里遗传了亨廷顿舞蹈病，在被确诊前的几年里，他多次被误诊。被病痛折磨的伍迪借酒浇愁，写出了很多零碎混乱的歌词。20 世纪 50 年代，他终于被确诊，并写了一首诗《怪症无解》（No Help Known），诗句到现在仍有刺痛人心的力量："亨廷顿舞蹈病 / 没有任何解药 / 在医学上没有解药 / 患病的我无处可逃。"

亨廷顿舞蹈症患者会在痛苦中死去：行动与语言能力逐渐衰退，吞咽困难，晚期还会像阿尔茨海默病患者一样连亲人都认不出来。在里佩尔采访的重组家庭中，十个孩子有三个已经去世，三个有亨廷顿舞蹈症的症状，两个测试结果为阳性，还有两个选择不做测试。里佩尔回忆说："有意思的是，接受测试的人认为不做测试的人很自私，因为他们认为孩子们有权知晓。"

在人类基因图谱完成之前，人们对命运的预知能力尚处于理论阶段，有约四分之三的高危人群表示想要知道自己的状况。基因一被标记出，就带动了 CAG 重复序列的 DNA 检测技术发展：超过 40 个 CAG 扩展重复就意味着有疾病正在伺机到来。这项测试很简单（只要抽点血就可以了），可虽然人们掌握了这种技术，研究者却发现之前说想知道自己是否会患亨廷顿舞蹈症的人群现在缩减到了 25%。

在直接的基因检测之前曾出现过一种"关联"测试。最初筛查亨廷顿舞蹈症的测试还只是 1986 年霍普金斯大学和位于波士顿的麻省总医院共同研究的一部分：由于作用基因还没有被确定，这项测试只研究了相关"标记"。针对高危人群的症状发生前测试计划是非常谨慎的：受试人总共就诊六次，先是四次咨询会议，再就诊一次后就可以开始检测，最后一次就诊时会获得测试结果。受试者必须有人陪同，而这项研究的计划也被业内奉为圭臬。

霍普金斯大学心理学家杰森·布兰德（Jason Brandt）曾询问过受试者对生育的看法，受试者普遍认为人的一生要有孩子才算圆满，这种生育观念也是黛博拉·马修斯（Debra Mathews）正在研究的课题。黛博拉·马修斯作为基因学家，专注于伦理研究和政策考量，并在霍普金斯大学研究交叉课题。她说："对于亨廷顿舞蹈病人，这是最糟糕的情况：我们不得不告诉病人他们将如何痛苦地死去。这种病比较罕见，又非常可怕，其严重程度早已（因为这条基因是我们第一个绘制出来的）彻底颠覆了我们对基因检测结果的看法。"

马修对同一组受试者又进行了一次调查，并对他们的伴侣、他们的成年子女（当他们的父母受试时他们还小或者还没出生）进行了探访。这些受试者有孩子了吗？如果有，这些成年子女又是怎么看待父母受试又生儿育女的呢？这些孩子依据现有的技术又会做出怎样的生育决定呢？马修斯和同事对那些父母检测结果呈阳性的孩子更感兴趣，也就是说测试显示非正常的扩展重复会被遗传给下一代，而这可不是一件人人乐见的"传家宝"。简言之，家人会怎样应对这种情况呢？

马修斯说："杰森对最早一批受试者的调查证明他们处理得非常好，那些有扩展重复序列的人比那些基因正常的人在摆脱沮丧和尽快适应方面做得更好。大部分人已经把它作为生活的一部分完全接受了，也有人在得到诊断结果后自杀了，但多数人还是选择向前看。这段经历对我们的想法有着巨大的影响，在许多方面我们获得的信息是错误的，比如我们以为人们无法面对真相，无法应对自己的基因信息，但我们的数据证明这些想法是不对的。"

知道自己有可能患亨廷顿舞蹈症可以让人做出更明智的个人与职业决定。如果你知道自己可能会在中年得病，也许你就不会花几年时间学习、训练只为获得一个硕士学位；也许你会比原计划更早要孩子；也许你会利用生殖技术防止孩子患病。

同样，如果你知道自己不会得这种病，就能打消多年以来的疑虑；但如果你的检测结果是阴性，但你的兄弟姐妹是阳性，这也可能会让你感到内疚。对很多人来说，不去了解似乎是最能接受的选择，即在可能的情绪波动面前选择因不确定性而继续不安下去。

每个人对不安的承受力是不同的，美国儿科学会和美国医学遗传学与基因组学学会提供的基因检测指南也承认了这一点。他们主张孩子在任何年龄都可以接受儿童期发病的小病基因筛查，但反对孩子接受像亨廷顿舞蹈症这种成年后发病的疾病基因筛查。最新的建议当然也提到了例外情况。比如一个家族有乳腺癌病史，其家庭成员就可以提前测试。在此之前，医疗体制对儿童接受数十年后才发病的疾病筛查的态度是非常清楚的。主流观点是什么呢？不要做测试。新观点认为有些情况下是可以做测试的，如家族病史令人惶恐不安且父母孩子（理想状态下是青少年）都支持做测试。

作家朱迪斯·罗森鲍姆（Judith Rosenbaum）在犹太人的线上杂志Tablet 上的一篇文章中曾写道，她 5 岁时母亲被查出乳腺癌，尽管在33 年中曾五次复发，但她母亲仍不想做 BRCA 突变基因检测，她本人也对这个测试很排斥。直到生了一对龙凤胎后，她才接受了测试，由于测试结果为阳性，她选择了手术切除乳房和卵巢。

那时她的孩子还在蹒跚学步，所幸不知道母亲体内和他们体内可能存在的家族遗传病基因。但她女儿 7 岁时曾问她自己是否会得乳腺癌，罗森鲍姆当然不能给出确切的答案。她写道："我想所有家长最终都会面对一个事实，那就是他们遗传给后代的东西是十分复杂的——有阳性，有阴性，有情绪上的，也有身体上的。我们的情况不过是因为基因检测和身上的伤疤更明显罢了。"

罗森鲍姆不打算让女儿这么小就接受测试。不管怎样，医生是不太可能给一个 7 岁小孩做这种测试的。根据先前展示的专业指南，青少年比儿童更有承受能力。如果青少年要求测试，她可能会如愿；如果父母害怕孩子会遗传增加成年后患乳腺癌风险的基因而想让孩子在青少年时期做测试，但孩子不同意，父母也无可奈何。如果涉及的疾病在儿童期就会显现，父母就可以替孩子做主了："预测性检测是为了查出儿童发病的状况或者在儿童期干预以减轻伤害，父母可以全权决定孩子是否接受测试，而未成年人则应对自由和隐私的选择权做出让步。"

指南中有越来越多的细微变化和灵活性，这说明医生和伦理学家承认基因数据可以帮助人类。提前知道孩子会患病能帮助家庭做好规划——他们可以咨询专家；如果孩子将来要坐轮椅，他们就可以搬到低矮平房里去住。

可是人们非常担心了解到孩子的基因信息会夺走孩子享有自主选择、不受羁绊的未来权利——这样的未来不会因为知道了潜在并发症而受约束。基因组医学的各个领域都在讨论这一问题，尤其是涉及宝宝的基因组测序时，这一点被讨论得尤为激烈。北卡罗来纳大学教堂山分校的遗传学家乔纳森·伯格（Jonathan Berg）正在研究新生儿基因组测序的影响，他认为对宝宝的基因组进行测序后删掉父母笔记本电脑里的所有数据，这样做有问题，因为所有的基因组信息并不处于同等地位。伯格的办公室在北卡罗来纳大学教堂山分校黄褐色砖砌的基因医学大楼里，办公室日照充足。为了说明这一观点，他从办公桌上抓起一张带有横线的笔记本纸。我就在旁边看着，他很快就画了一个简图，然后分成四个象限，每个象限代表疾病的一个类型。很明显，他只是稍加思索，便画成了这个图表。

- 左上：可以通过治疗好转的儿童（18岁之前）；
- 左下：没有治疗方法或不能治愈的儿童；
- 右上：可以通过预防措施，比如预防性乳房摘除术得到治疗或缓解的成人；
- 右下：疾病没有治疗方法或不能治愈的成人。

如果伯格可以为健康大众设计一个理想的基因筛查典范模型，应该是这样的：每个人都会得到左上角的筛查结果，疾病可以通过治疗好转的儿童；父母可能会得到左下角的筛查结果，疾病没有治疗方法的儿童；一旦成年以后，任何人可能都会得到右上角或右下角的结果。

当然，每天父母都在影响孩子的健康。他们决定让孩子们吃什么，决定孩子骑自行车时是否要戴头盔，以及是否要在孩子面前吸烟。伯格说："但你愿意让你的父母替你决定要了解哪些基因信息吗？还是你会跟父母说这是我的基因组，不关你们的事？"

我跟伯格一起离开了他的办公室，沐浴在傍晚的阳光里，他去接他正在上幼儿园的女儿。他说："如果父母决定了解你的基因组情况，如果他们已经选择了了解成人发病情况，而且你的医疗档案上有记录，你的决定权就被拿走了。你享有的开放未来的权利就被剥夺了。在我看来，这充分说明了为什么儿童基因检测应该得到限制。"

∞　∞　∞

让孩子享有自主决定未来的权利这一想法是由约尔·费恩伯格（Joel Feinberg）提出的。他是亚利桑那大学的法律哲学家，在1980年提出这样一个观点：由于年龄小，儿童并没能享受到他们特有的"被托管的权利"。他解释道，这些权利与成人的权利不同，因为孩子只有发展得更全面更强大时，才能很好地自己做出选择。为了说明被托管的权利标准，费恩伯格打了一个不太恰当但很形象的类比：比如一个只有两个月大还不会自己动弹的婴儿，享有在人行道上自由行走的权利。但这项权利在被行使之前，我们已经在破坏这项权利了，我们砍掉了孩子的双腿。

砍掉孩子的双腿（不要有这种念头）跟提前夺走孩子享有自主决定未来的权利是一个道理：在孩子能够行使这些权利之前，就剥夺了这些权利。费恩伯格写道："这个权利就是在他实现全面发展，长成能自我做决定的成年人之前，他一直都能自主决定未来。"

换句话说，如果父母让年龄尚小无法自己做决定的孩子去做一系列基因检测，这样他们就剥夺了孩子可以在日后决定自己是否做检查的权利。父母侵犯了孩子以后自己做决定的权利。

有些令人不安的检查结果可能会造成心理上的伤害。专家们担心由于父母忧虑孩子会得病，他们对待这些孩子的方式会不同于其他他们认为比较健康的孩子，从而影响孩子与父母的关系。这样的话，医生对孩子的父母保留一些秘密是否合适？如果你知道你的孩子会患上痴呆症，你对她的方式会有所不同吗？你会更爱她还是不那么爱她了？

医学界长久以来认为父母知道孩子的病情或缺陷会影响家庭关系。50 多年前，印第安纳大学的儿科专家莫里斯·格林博士（Morris Green）和耶鲁大学的儿科专家阿尔伯特·索尔尼特博士（Albert Solnit）在医学文献里讲述了一个研究案例。他们研究了 25 个孩子，这些孩子病情太严重或受伤太严重，以至于他们的父母都觉得他们应该活不下去了。不过幸运的是，这些孩子打破了父母悲观的猜想。但是他们的结局并不是经典的迪士尼结局，从此幸福地生活下去了。格林和索尔尼特在他们研究报告的序言里，用的是维也纳人的一句谚语：

"很多曾逃过命运一劫的人还是死了。"格林和索尔尼特发现，这些孩子的社会心理以及跟父母的关系发展都有障碍，比如他们对被分隔开有抵触情绪、行为幼稚、过分担忧身体、在学校表现不佳等。格林和索尔尼特为此造了一个词——"弱势儿童综合征"，这个词现在依然在用。

即使孩子痊愈了，"弱势儿童"的父母仍然认为孩子有患病风险，甚至处于死亡的边缘。格林博士和索尔尼特博士 1964 年写道："弱势儿童综合症征的临床表现是这样的：父母认为这些孩子并不完全是他们的，而像是一份脆弱的贷款。"当与孩子发展亲密关系的能力受到严重影响时，母亲会长期感到沮丧。有的父母说他们经常做噩梦，梦见孩子去世了。还有的父母夜里会醒好几次，看看自己的孩子是否还活着。我并不认为最后一种行为是严重病态的。就算我的两个孩子都十几岁了，我还是会亲亲他们，摸一摸他们，感受到他们睡觉时起伏的后背，保证没什么事儿，我才会去睡觉。

在格林和索尔尼特的研究中，这些弱势儿童的父母说他们太溺爱孩子了，尽管实际上他们跟今天的"望子成龙""望女成凤"、过度保护孩子的强势"直升机父母"没什么太大区别。"父母过于保护孩子，过于纵容他们，过于担心他们了。而孩子太依赖父母，又不听话，容易生气，爱跟父母斗嘴，不配合父母。"

多年后，儿科医生杰克·肖可夫（Jack Shonkoff）写了一篇文章评论格林和索尔尼特的论文，这篇论文很有创造力，并且 30 多年来仍然熠熠生辉。杰克·肖可夫提道：

这篇文章最大的贡献在于，它强调了医生对孩子的父母所说的话（以及没说的话）非常重要。这一点临床社区深有体会。儿科医生对孩子的父母说的话，不管是否考虑充分，都会对孩子以及父母产生很重要的影响。这种影响不仅会立马产生效果，而且效果会很持久。尤其在一些敏感时刻，医生说的话带来的影响尤其强大——与孩子的父母初步交流某一严重病情或缺陷的诊断结果、比较随意地评价某一症状的潜在影响、不假思索对某个急病的严重程度有什么就说什么、对孩子父母的问题未经准备便予以回答……即使是最一丝不苟的医生也记不住他们在繁忙的一天里跟孩子父母说的每一句话。不过，对孩子病情的评价，尤其是比较尖锐的评价，不管医生这样说是出于有意还是无意，都会印在孩子父母的脑海里，并且他们会一字不落地记住。

比如，卡洛琳·亨特里安到现在还记得医生对她儿子的病情所做出的尖刻评价，她仍然记得当时她被深深地刺痛了。医生推测说她患有唐氏综合征的儿子詹姆斯能做出花生酱三明治就不错了，其他的就别想了。

现在，谈到医生告诉父母一些不确定的基因信息可能会对父母造成伤害时，越来越多地会谈到弱势儿童综合征。所以这是一些医生和生命伦理学家建议只告诉父母部分检查结果而不是全部检查结果的一个重要原因。也正因如此，一些专家呼吁告诉父母全部信息时，医生要多加注意。他们也呼吁让新生儿能做更多的疾病检查。罗斯在他写的儿科和基因共同指导意见中警告说这样做会形成一代"等待中的病人"：他们的基因诊断没有任何症状，并且在接下来的几年甚至几十年里都不会有症状。

罗伯特·格林曾帮助制定了 ACMG56 指导意见，他认为人们担心知道太多信息会让孩子的父母变得焦虑、苦恼甚至产生误解，但其实这种担心都是假想的。格林说："总是有各种说法认为了解太多信息会对孩子的父母造成伤害。"格林自己已经做了基因组测序，他妻子也一起做了测序，而且他还让私人基因公司 23andMe 分析了他三个孩子的基因情况。格林说："人们总是会得到一些坏消息，这感觉很不好。但是有些情况下，你得到了坏消息，但你可以做些事情改变情况。"他谈到了女演员安吉丽娜·朱莉。她决定向大众公开说明她已经选择了切除乳房和卵巢，因为她查出了乳腺癌易感突变基因，而这会提高她患乳腺癌的风险。

格林说："让孩子享有自主决定未来的权利，这一观点很荒唐。我觉得一个家庭或孩子了解到家人有患癌风险后，心理上会很难过，但这种伤害只是理论上认为是这样的。我们知道孩子失去母亲或父亲造成的伤害是实实在在的。如果说能从孩子身上查出孩子的母亲或父亲有心脏猝死突变基因，这对孩子来说是有多好啊。"

就连罗斯也承认，几十年的后续工作说明，对弱势儿童综合征的担心可能过头了。罗斯告诉我："我们仍然担心弱势儿童综合征，但是我们已经逐渐意识到数据表明我们的担心可能过头了。"

乔安娜·法诺斯（Joanna Fanos）跟进了解了炒作和夸张的现象。在她的职业生涯中，她花了数十年时间研究严重的儿科疾病对家庭造成的影响，发现实际上知道孩子得病或有患病风险可能会加深父母与孩子的关系，尤其是母亲与孩子的关系。孩子看病需要父母在孩子身上花更多的时间，给予更多的关心。法诺斯发现，对孩子的诊断远不会破坏父母与孩子的关系，反而会促使父母花更多的时间陪伴生病的孩子，这就是"预期上的难过"——也就是指父母在感情上会提前做好准备，应对孩子也许会早早离开人世这一可能。实际上，父母可能过于关注生病的孩子，忽略了其他孩子，法诺斯对此做了记录。她是儿童医院奥克兰研究所的研究心理学家，她说："如果父母有好几个孩子，他们会说我要把所有的时间和情感都花在乔尼身上，因为其他孩子会一直在我身边。"

玛雅·休伊特对此不予反驳。你应该还记得，玛雅是丹尼尔的妈妈，丹尼尔有着浅黄色的头发，刚开始学走路。他的听力有问题，于是就去基因诊所看医生，结果还有别的发现——丹尼尔有基因缺失。丹尼尔的病情预测充满不确定性，这让他的父母十分担心。

玛雅和丹尼尔的爸爸安德鲁做检查时，等检查结果等了好几个月——这是玛雅跟她的医生写信抱怨的一个原因。最终，2014年的夏天，当她、安德鲁还有丹尼尔正坐在从缅因州度假回来的车上时，玛雅的手机响了。这个电话是基因顾问打来的，告诉了玛雅她和安德鲁的检查结果。

基因顾问说："安德鲁的结果正常，但是你有一个基因缺失，跟丹尼尔一样。"

随后，玛雅咨询了一位先天性角化不良领域的专家。她家庭的基因缺失与先天性角化功能不良有关。这位专家告诉玛雅她觉得玛雅和她的儿子都是隐性携带者，并没有征兆表明丹尼尔病情会加重，就算有些研究发现每一个后代的情况都会更加严重。听到专家这样说，玛雅心情为之一振，这巩固了丹尼尔作为家里唯一一个孩子的地位。玛雅说："我们之前一直想要一个孩子，并且成为好父母。现在知道这些之后，我们更坚定了这个决定。我们坦然面对任何变化，但我们不想再要一个孩子了，因为孩子可能会得这个病。"

虽然有的父母努力应对令人不快的基因信息，有的父母却不知道得病的原因，长久以来备受困扰，所以能得到一些或全部信息，他们会非常感激。有些父母由于孩子的疾病尚未诊断出来，尤其渴望得到哪怕一丁点儿的信息——任何能解释他们的孩子成长发育有问题的信息。全基因组和外显子组测序可以深入探知 DNA 的情况，可能会让这些家庭诊断时免于遭受波折和困难。

开启诊断新世界

终结罕见病诊断的奥德赛之旅

HOW GENETIC
TECHNOLOGIES ARE CHANGING
THE WAY WE HAVE KIDS – AND THE KIDS WE HAVE

在医学院，学生学习诊断的艺术。其中第一条规则是从简单处着手，排查最常见的疾病。如果患者咳嗽，经过医学院培训的医生会怀疑病人最有可能得了上呼吸道感染，而不是肺癌。当然，在某些情况下，这种诊断法会让医生误入歧途。但若没有该法则的指引，我们的医疗体系便会寸步难行。即使是最直接的诊断也可能需要病人经历多个价格昂贵的医疗检查，这等同于医学多选题，选项囊括了从最可能到最不可能之间的所有选择。"如果听见马蹄声，你首先会想到马，而不是斑马。"来自 GeneDx 的遗传咨询师雪莉·博斯沃思（Shelly Bosworth）如是说。GeneDx 是一家专做罕见疾病诊断的公司，致力于扭转从简单处着手这一诊断范式。斑马是 GeneDx 公司的吉祥物，因为"我们反其道而行之——我们会先想到斑马，而不是马"。斑马已然成为一种象征，象征着 GeneDx 对疑难杂症诊断的探索，因此公司定制了一批泡沫斑马模型，在遗传学会议上作为小礼品分发。我桌上就有一只红白相间的泡沫斑马，想必是住在热带草原上黑白条纹斑马的稀有版本。

长久以来，如果遇到症状罕见的病人，遗传学家几乎没有什么导航工具能帮助探明病因。若在病人彻底检查后仍毫无头绪，医生也几乎是束手无策，只能根据现有掌握的情况作最合理的猜测：如果检查结果无法证实某一种猜测，就继续做其他检查，循环往复。这个过程不论是对医生还是对病人来说都让人沮丧。往往前来就诊的患者是婴幼儿，大多是因为父母发现自己的孩子并没有达到应有的发育指标（3个月大时会翻身，6个月时能坐起，之后不久能爬行，甚至走路），无尽的检查对他们来说更加煎熬。这种碰运气式的检查不但代价高昂，而且效率低下，且经常毫无结果。

在很多情况下，这种猜测式诊断已经不复存在了，因为 DNA 测序的实现开启了诊断的新世界。来自杜克大学的遗传学家范达娜·沙希（Vandana Shashi）将测序看作"数十年来我们掌握的第一个技术进步"，因为测序能够帮助研究者将症状与致病基因相匹配，并找出那些之前从未被认为同疾病有关的基因。对于那些医生也无法诊断出其病因的患病儿童来说，测序犹如天赐神助。这一综合方案能够极大地缩减诊断时长，使许多家庭免受可能持续数年的检查煎熬。尽管人们对基因检测和其应用的合理边界忧心忡忡，但在罕见疾病的诊断中使用测序已经成为该项技术最有帮助且争议最少的应用之一了。

沙希和杜克大学人类基因组变异研究中心主任大卫·戈德斯坦（David Goldstein）在 2012 年发表了一篇重要论文，指出医生在面对罕见病患者手足无措，而该疾病又可能有遗传学基础时，测序或许可以成为生化名侦探"夏洛克·福尔摩斯"（Sherlock Holmes）。如果多个家庭成员都患有某一种疾病，或者疾患可能是由发育异常引起，抑或是已知相似病症是由致病基因引起，则该疾病一般被认为是遗传性疾病。例如，如果严重智力障碍无关新生儿产伤或环境毒素，那么便极有可能是由遗传引起的。

事实上，很多病情是基因受环境影响的结果。"人们倾向于认为遗传特征是固定不变的，这种看法有问题。"来自华盛顿大学的迈克·班夏德说。某种疾病从本质上讲是遗传病，即该病症是由 DNA 编码变化引起的，但这并不意味着没有其他的致病因素。班夏德说："将疾病分为遗传与非遗传两类是现成的懒办法，但这样做并不能正确反映事实。"即使是单基因遗传病也可能是多方面的，例如囊性纤维化。囊性纤维化跨膜传导调节因子（CFTR）的基因突变就足以引起该病症，也就是说如果你的 CFTR 基因有突变，那么你一定会患有囊性纤维化，但是病情的严重程度涉及其他因素。比如囊性纤维化患者更有可能感染绿脓杆菌——一种能引起严重肺部感染的杆状细菌。此外，患者体内控制对该病原体免疫反应的基因也可能发生突变，造成病情进一步恶化。

罕见病不一定是遗传病，但研究者怀疑或许大多数罕见病可以归因于基因遗传。的确，他们相信极为罕见的疾病最有可能是单基因遗传病。罕见病提倡者认为"罕见病"这个提法本身欠妥当。如果从每个患者的个例来看，罕见病实属少见。在美国，如果某种疾病的患者人数少于 20 万人，那么这种疾病便可以称为罕见病，这是 1983 年国会通过的《孤儿药法案》（*Orphan Drug Act*）中对罕见病的明确定义。但是如果把符合这一定义的所有罕见病患者人数加起来，那么总数将是十分惊人的。仅在美国罕见病患者就达到了 3000 万人，也就是每十个美国人中就有一位是罕见病患者；另外还有 3000 万在欧洲的罕见病患者；在全世界范围，罕见病患者人数更是达到 3.5 亿人。为了更直观地理解这一数字，Global Genes——一个罕见病提倡组织指出，如果全世界所有罕见病患者都居住在同一个国家，并把所有身体健康的同胞驱逐出去，那么这个全部国民都患有遗传病的国家将成为世界第三个人口大国。更糟糕的是，仅不到一成的罕见病有经过美国食品药品监督管理局批准的治疗药物。

找出某个基因与特定疾病的联系有助于疾病的诊断，但是作用不止这些。对两者联系的了解有助于深入理解基因运行的情况，为新的治疗方案提供思路。

杜克大学研究员米莎·安格瑞斯特（Misha Angrist）是首批接受全基因组测序的人，她说："在理想的情况下，我们发现基因突变后，就可以找到一个美国食品药品监督管理局批准的治疗方案。但大多数时候，这只是妄想。基因组测序真的在试图帮助父母免受对抗疾病之苦，让他们不用在各路医生之间来回奔走、在迥然不同的诊断中间痛苦抉择，最后却仍然无能为力。至少我们希望有底气说出这样的话，'你孩子的问题出在凝血系统上，这是由一个缺陷基因造成的。'"

∞ ∞ ∞

荷马的《奥德赛》讲述了一趟漫长艰辛的旅程，有凶狠的独眼巨人库克罗普斯、食人族，还有各种谋杀和残杀，这都是奥德修斯在回家之路上所经历的。他花了十年时间才到达终点。对于像亚当·福伊（Adam Foye）这样的生病儿童，他们的"诊断奥德赛之旅"则历时更长。"诊断奥德赛之旅"这个词是医生用来指病人患上无法确诊的疾病的时间，跨度从数月一直持续到数年。

亚当的诊断花了十多年时间，因为他出生时，基因组测序还不存在。亚当上 6 年级时，如果没有人扶，他就不会在杂货店里走路。5 年级时，他曾经缺课 60 天。他 11 岁时，研究人员最终用他的测序数据找到了他严重肌无力的原因，这是由他的 TTN 基因突变引起的。TTN 基因编码肌联蛋白，肌联蛋白是很大的肌肉蛋白质。他的妈妈烤了一块蛋糕，然后把它冻成白色，亚当颤抖着用手在上面写下了"TTN"。虽然亚当的与基因蛋白相关的中央核肌病目前并没有治疗方法，但能诊断出来也是值得庆祝的。萨拉·福伊（Sarah Foye）2012 年得知诊断结果不久后说："正如我丈夫所说的，这并不是我们就医之旅的结束，但绝对是一个里程碑。"

尽管现在没有治疗方法，更不用提治愈方法，但是诊断出亚当的突变基因就已经是一个重大的进步了。只有发现了与疾病相关的基因变化后，研究人员才能着手进行精准治疗。否则，研究人员根本不知道该往哪里努力。波士顿儿童医院基因合作项目组执行主任大卫·马格里斯（David Margulies）说："你只有找到了整个机器中发生变化或破损的部件，才有可能去修理机器。虽然找到了发生改变的部位并不能保证你就能修理它，但至少你有了努力的方向。"大卫·马格里斯所工作的机构曾赞助了一项测序大赛，参赛者诊断出了亚当的疾病。

与福伊一家一样，很多家庭已经花了很长时间寻找疾病的原因，现在这个新技术可以给出诊断结果了，之前他们花了好几年的时间检测基因却无果而终，因此他们对此感到很惊讶。亚当之前就是努力了好几年，但一直没有结果，最后测序给出了答案，现在像他这样的例子非常常见。

有一个例子并不像亚当的例子那么典型，但也同样值得大家注意，这就是小卡拉·格林（Cara Greene）的故事。医生建议用测序来结束漫长的诊断之旅，卡拉·格林的经历最能说明测序的强大力量。

2013 年 11 月，卡拉·格林 15 个月大，头发稀疏，像个小精灵，当时她连续发烧 5 天了。发烧好了之后，她的母亲克莉丝汀打算带她去看儿科，做一下体检。卡拉的父亲克莱顿是物理治疗师。正因为他自己是物理治疗师，再加上他对身体本身的敏感程度，他觉得卡拉的眼睛有问题。这种感觉难以描述，看起来就好像弹上弹下的皮球一样，这种情况在医学上叫作眼球震颤。问了医生卡拉眼睛的病情之后，克莱顿告诉了克莉丝汀。克莉丝汀是一位律师，但卡拉得病不久后，她就不再忙于工作了。儿科医生给卡拉看了病，然后建议她去看神经科医生。克莉丝汀记得医生说可能没什么事儿，也可能是个脑瘤，不过也可能不是，因为别的一切都正常。这种结果并不是克莉丝汀期待的，她哭着给克莱顿打了电话。

幸运的是，神经测试结果显示没有问题，但是卡拉的眼睛仍然跳个不停。格林一家去找了一位朋友的父亲，他是儿童眼科医生。他对卡拉的情况非常关心，于是让他们去杜克大学眼科中心看儿童神经眼科医生，这位医生让他们在感恩节的前一天做核磁共振。

核磁共振结果显示正常。克莉丝汀说："这是一个值得庆祝的一周。"但是他们却并没能庆祝多久。卡拉的眼睛仍然跳个不停，手指也开始发抖了，她坐在婴儿椅上很难从托盘里拿到吃的东西。

格林夫妇又带着卡拉去杜克大学眼科中心看病，那里的儿科神经医生怀疑卡拉的发烧引起了她自身免疫系统紊乱，而且在她眼睛有问题之前就已经开始紊乱了。他们开始用类固醇和静脉注射免疫球蛋白给卡拉进行治疗。然后在 2014 年 1 月，一项检查显示卡拉的视网膜异常，专家们猜想这是不是由遗传原因导致的。常见的免疫系统紊乱情况并不适用于卡拉的病状，所以儿科神经学家让遗传学家沙希参与卡拉病情的会诊。

沙希是印度人，她说话的语调仍然带有母语的欢快韵律感。她之前在印度就是儿科医生，接触过很多患有与遗传紊乱相关的慢性病的孩子。这一经历促使她在弗吉尼亚大学修了遗传学研究生学历。她一头浓密卷曲的黑发，穿着宽松的衣服，脸上挂着大大的笑容，精力充沛，给孩子们看病时非常有耐心。她说："这些家庭经历了很多事情，对于他们中大多数病人来说，能够得到诊断结果都是一件很难的事。所以很多病都没有治疗方法，你只能去缓解它们。"

8 月份一个潮湿的早上，我和她待在一起。我发现她在每一个病人身上花的时间要比一般的医生多得多。对于每一个病人，沙希的平均临床就诊时间是 90 分钟，这在现代医学界都是十分罕见的。与病人预约就诊之前以及之后，她都会花数小时的时间研究病人的情况，协调病人所接受的治疗，包括物理治疗、职业疗法以及社会工作，提高他们的生活质量。很多情况下，沙希并没有魔力，无法向病人提供治愈或治疗方法。她能做的就是让他们更好受一点。沙希说："我们一般在每一个病人身上花四五个小时，但却只能得到一个小时的报酬。这并不划算。遗传学家并不能给医疗机构挣钱，但是我们能给病人提供有益的服务。"

这在经济上真是一个极大的讽刺：遗传学（遗传如何影响我们的幸福以及基因如何与我们的环境互动）正在逐渐成为健康护理的焦点，但是遗传学领域的医生却被认为是一个经济负担。他们其实是一个重要的精神港湾。几年前，他们就已经给了病人及其家庭更多的希望、更多的真相。基因组测试出现之前，可能在有遗传紊乱的儿童中，有一半从来都没得到过诊断结果。沙希说："第一次用外显子组测序时，我觉得我进入了一个新的领域。我可以看着病人的眼睛，告诉他我们现在可以用一项新技术来给你看病，之前从没出现过。这简直太棒了。我从事遗传相关的工作已经很长时间了，年复一年，看到那么多难以治愈的病人，我对这种失败感深有体会。所以这项新技术非常令人振奋。"

诊断罕见疾病并不是非常精确的，因为基因研究仍然是一项正在进行的事业。有 7000 多种单基因遗传紊乱情况，但是我们只了解其中一半的遗传原因。很多情况下，能说明是某一种基因导致了某一问题的证据非常少，医疗文献上只报道过一两个家庭的这种情况。把相关因素逐一联系起来，把基因与病情联系起来是一个漫长的、需要花费精力的过程。好消息是，因为越来越多的家庭诊断出了相同症状和相同的基因变异，所以证据会越来越强大，基因与疾病的联系将会加强。

诊断遗传疾病很少能够像检查出其他疾病（比如耳部感染）那样简单。儿科医生用耳镜去看儿童的耳道时，红点和炎症很容易就能看出来，它们是中耳炎的征兆，但是弄清楚遗传疾病就难得多了。遗传学家是经过训练的医疗工作者，但是在日常工作中，对他们更准确的称呼是侦探。

他们的侦查越来越以测序为中心，这只需要一两管血液，就是进行普通的抽血获得。然后再加入清洗净化 DNA 的试剂，最后会得到一团像鼻涕一样的东西，这种黏糊糊的东西就是 DNA。之后把 DNA 提取出来放到小试管里，最后放入测序机器里。这些事做起来都很简单，难的是分析测序数据。

软件可以做最开始那些繁重的筛选工作，找出相关的潜在变体或遗传变化，但是电脑也就只能做这么多了。潜在的问题清单列出来以后，接下来就需要人脑了。在确诊疾病的过程中，临床医生把注意力放在检查结果上，寻找可能导致病人症状的"候选基因"。他们寻找与病人之前的病状相关的特定变体，或者更广泛地说，寻找与疾病有关的某个基因的变体。他们查阅医学杂志，看看其他病人有没有相似的疾病特征。他们与世界各地的同行发邮件联系，认真地参加医学大会，看看会不会提到相似的疾病，并且上网查一查是否有同样症状的儿童。

有时候他们搜索的范围更广，会参考不同的数据，将造成生病儿童基因功能缺失的基因变异与更多人的数据进行比较，看一看基因变异在健康人中出现的概率。某个基因变异越罕见，研究人员就越能确定是这个基因变异导致了孩子患病。研究人员往往会利用与人类有同样基因变异的动物模型，来看一看患病儿童的症状在动物身上是否也有同样的反应——有问题的基因的功能已经被剔除了，或者已经沉默了。在华盛顿大学，这一做法已经被证明非常有用。曾有两个家庭在这里检查出了 MYLPF 基因突变。有一个孩子一只脚是严重的内外足，手术治疗也没有用，只能切除。要切除的时候，医生发现这只脚根本无法进行修复：没有肌肉支撑骨头。在老鼠身上，MYLPF 基因功能缺失的话，研究人员发现老鼠会缺少肌肉，这就说明科学家需要把 MYLPF 基因与孩子的病情联系起来。

2015 年，迈克·班夏德的一篇论文详细地说明了研究人员在将特定基因与疾病联系起来时所取得的巨大成就，以及还有多少工作要做。只由一个基因变异引起的疾病是"孟德尔遗传疾病"，这是根据奥地利遗传学家格里哥·孟德尔（Gregor Johann Mendel）的名字命名的，他发现了遗传的基本规则。这些疾病都具有孟德尔表型。表型就是一个人的身体特征。就疾病而言，表型主要是指一个人的病状。

这篇文章发表在《美国人类遗传学杂志》上，详细阐述了来自全球 36 个国家、261 个机构的 529 名研究人员所付出的努力。他们研究了 8838 个家庭的 18 863 个案例。2015 年 1 月，他们研究发现了 579 例已知的孟德尔表型和 470 例新的孟德尔表型。这次全球范围的研究人员与由美国资助的孟德尔基因组学医学中心合作，总共研究了 956 个基因，包括 375 个尚未与任何疾病相联的基因以及与孟德尔遗传疾病相联的基因。一些为人熟知的孟德尔式遗传紊乱包括囊性纤维化、亨廷顿舞蹈病以及肌肉萎缩。

研究人员似乎已经取得了很大进步，实际上也的确如此。不过令人沮丧的是我们还面临着很多未知的东西，这篇论文的作者将其称为"生物医学领域巨大的知识差距"。

孟德尔基因组学医学中心（总共有五个，有一个在华盛顿大学，巴姆沙德是其中一个的负责人）正在努力填补这一差距。孟德尔基因组学医学中心是由美国国立人类基因组研究所和国家心肺血液研究所在 2011 年成立的，致力于找出导致孟德尔遗传疾病的基因。这五个中心利用外显子组测序，分析基因组的蛋白质编码部分，以期找到导致这些罕见单基因遗传紊乱的新的遗传变体。

从 2016 年开始，孟德尔基因组学医学中心的兄弟单位——普通疾病基因组学中心，正在利用测序来发现基因与普通疾病的关系，比如糖尿病、中风、心脏病以及自闭症。该中心的研究人员希望对数万个有病以及无病的人的基因组进行测序，以此来比较人们之间的遗传变体是如何对疾病风险产生影响的。

诊断罕见疾病的能力并不是现在才有的。医生们多年来都在分享自己所接触的无法诊断出病情的病人的情况，比如他们会在医院的走廊里简单地聊一聊、在学术会议上发言以及在医学杂志上发表文章。现在，测序技术使得研究人员能够随时扫描数千个基因，寻找问题基因，网络技术使得有同样基因变异的家庭联系了起来。巴姆沙德把后者称作"基因发现社交网络"。2016 年，他和同事创立了 MyGene2，这是一个网站，孩子有罕见遗传紊乱情况的家庭，不管是诊断出来了还是没有诊断出来，都可以上传他们孩子的医疗数据和个人故事。分享数据的家庭越多，将遗传变异与疾病成功联系起来的可能性就越大。

∞ ∞ ∞

沙希去给卡拉看病那天，和她的同事一样，对卡拉的检查结果非常震惊。卡拉的症状与任何遗传疾病都对不上号。这似乎是基因组测试派上用场的大好时机，所以她跟卡拉的父母说了测序可以立刻扫描出他们女儿的所有蛋白质编码基因——外显子。格林夫妇对孩子的基因存在问题这件事有所怀疑，毕竟他们都很健康，而且他们的大家庭里没有一个人有过卡拉的症状。他们觉得卡拉自身免疫紊乱的可能性更大，他们更愿意听到这样的诊断结果。所以他们拒绝了沙希的建议，因为他们也担心这个测试带来的巨大影响。

格林夫妇极度渴望免疫系统治疗（缓解炎症的类固醇以及静脉注射免疫球蛋白，它们是纯化的抗体，人们认为可以阻止免疫系统紊乱）能够有效，在某种程度上也的确有效。有时候，卡拉的眼睛似乎不那么跳了，但有时候她的眼睛还是跳个不停。最近她开始有了新的奇怪症状，她很难举起胳膊避免自己瘦小的身躯跌倒。对于一个刚会走路不久的孩子来说，这是一个巨大的挑战。卡拉现在都不愿意迈步了。

卡拉的神经科医生不知道接下来还能做什么了，于是建议利用化疗手段来治疗她的遗传系统，这可能会触动卡拉身体内部的某个重置按钮，然后终止她现在的症状。这个治疗不容易：化疗的副作用很大。卡拉被安排在 2014 年 4 月 20 日开始接受药物注射治疗。

此外，格林夫妇同时极不情愿地默许了沙希多次提出的建议，让他们给卡拉做外显子组测序。沙希的同事、遗传咨询师凯莉·肖赫（Kelly Schoch）说："他们其实并不想要一个遗传方面的诊断，因为他们觉得遗传方面的诊断是无法治疗的。"

沙希回忆道："对，他们觉得有关遗传的东西都是不好的，没有治疗方法。"

肖赫说："一般情况下是这样的。"

一般是这样，但并不总是这样。

最有困难的诊断挑战可能出现在全国七个中心中的一个，这七个中心是美国国立卫生研究院未诊断疾病网络的一部分。这一网络的总部就在美国国立卫生研究院，是 2008 年成立的，是一个相关项目的拓展。该网络的宗旨是为治疗罕见疾病提供跨学科、跨领域的方法。该项目的核心任务是不断发展基因组工具。测序费用在逐渐降低，而质量则逐渐提高。因此，2014 年，美国国立卫生研究院将这一项目扩大了，从华盛顿特区的诊所扩大到美国的其他六个地方，包括杜克大学，沙希就是其中一个中心的负责人。休斯敦的贝勒医学院、硅谷的斯坦福大学、加州大学洛杉矶分校、位于纳什维尔的范德堡大学以及三家位于波士顿的哈佛大学医学院附属医院都加入了这一网络。这一网络非常依赖遗传学的方法，比如用基因组测序来检查疾病。每一个中心预计每年可以处理 50 个新病例，该项目的总部美国国立卫生研究院每年也会为 130 个病人看病。

为病人的症状感到困惑的医生，可以代表病人向这个网络提出申请。这一网络为哪些病人接诊，并没有固定不变的标准，但是病人之前必须得做过详细的检查且诊断不出结果才可以提出申请。如果病人的好几个家属都受到了影响，那么这几家中心为病人接诊的可能性就会提高。在杜克大学，病人们参与到这一项目是因为不同的医生以及沙希的建议，沙希为人谦和，能很有效地说服病人参与这一项目。很多参与这一项目的病人都不知所措，不过这没有关系。

美国国立卫生研究院的主要临床中心对病例的解决率是 25%~50%。杜克大学的总体病例解决率是 38%，沙希从 2010 年起就在杜克大学从事病情诊断工作。解决率仍然相对较低的原因是很多遗传紊乱还没有找到相对应的问题基因。而且，有些病人最后检查发现他患的并不是单基因遗传紊乱疾病。有很多遗传紊乱情况是基因组测序检查不出来的。

比如，表观遗传紊乱是由基因组以外的事物造成的，而这些事物却影响到我们基因组内部的信息使用方式。信息仍然在那里，但是细胞却接触不到了。实质上，DNA 测序无法预测表观遗传变异，因为 DNA 测序无法预测基因什么时候会激发，什么时候会关闭，这一现象叫作基因表达。在某些情况下，负责制造蛋白质或防止疾病攻击的基因可能会被关闭，这就导致该基因不可见了。

随着技术的不断提高，以及各个中心继续加强合作，沙希认为病情的诊断率将会提高。她最初的研究结论发表于 2012 年，沙希研究了有效的基因组测序对解决诊断不出病情的案例会起到什么作用。她和戈德斯坦招募了 12 个患有不同症状的病人，他们的病情是由基因问题造成的。她预计利用基因组测序可以诊断出 20% 的病情，不过最后的结果超出了她的预期。她说："我们很快就诊断出了两个，而且一年之内，这 12 个人中的 9 个我们都已经诊断出来了。"对于未诊断出的病情，遗传学家们非常有毅力。沙希说："我们从未放弃。"

沙希的这项研究是第一个关于患上不同且毫不相关疾病的儿童的研究，该研究还尝试用测序去寻找孩子生病的原因。常见的情况是，研究人员检查一组患有相似症状的病人，扫描他们的基因组，寻找有问题的基因变体。研究具有不同疾病症状的儿童是一项伟大的工程，不过沙希也是偶然才开始这项研究的。

2010 年 3 月，沙希和戈德斯坦在华盛顿特区美国国立卫生研究院的一次会议上相见了（虽然他们都在杜克大学工作，但他们彼此并不认识）。他们开始聊天，竟然发现他们订了回达勒姆的同一个航班。不过航班取消了，戈德斯坦问沙希是否愿意租一辆车开 5 个小时回家。沙希说："这真是意想不到的事情。"在开车回去的路上，他们聊了共同感兴趣的话题。戈德斯坦告诉沙希自己是一个做基础科学研究的人类遗传学家。更具体地说，他负责一个实验室，这个实验室利用测序技术寻找疾病的根源。沙希告诉戈德斯坦自己是一个临床医生，对于戈德斯坦给不出病情诊断的病人，沙希会给他们看病。沙希说："到了达勒姆，我们就决定了，我们打算合作从事这项研究。"

3 月 12 日，戈德斯坦回复了沙希一封邮件，商量见面时间，他在回信中写到他觉得这项研究"将会是非常重要的"。他是对的。

该项研究的成功促使沙希和戈德斯坦在 2012 年开了一家未诊断疾病诊所。刚开始的时候，他们一个月只有一天是给病人看病的，后来变成了两天，一个月只看 8 个病人。戈德斯坦 2015 年搬到了哥伦比亚大学，因为哥伦比亚大学要成立一个新的机构——基因组医学研究所。为了进行研究，沙希对三人组进行基因组测序——孩子以及孩子的父母，这样可以缩小寻找问题基因的范围。她说："我们刚开始的时候碰到很多遗传变体。把孩子的测序结果和父母的做一下比较，你会发现很多遗传变体都来自父母，所以你可以不用理会这些遗传变体了。"换句话说，如果孩子的遗传变体或变化与父母的一样，而且父母并没有任何症状，那么这个变体可能就没有意义。沙希给卡拉·格林看病时，就不仅给卡拉做了测序，还让她的父母也做了测序。

2014 年年初沙希第一次见到卡拉的时候，她发现这个肤色偏黑的小女孩眼睛痉挛，而且双脚站不稳。沙希回忆道："她的两只胳膊完全没有任何力量，她根本无法移动自己的肩膀，而且她的前臂几乎没有力气，手腕也几乎无法移动，吞咽东西都开始有问题了。她得很用力地咽下食物，我们都能听到她咽下食物的声音。"

沙希怀疑卡拉有遗传问题，尽管如此，说服克莉丝汀和克莱顿给卡拉做基因组测序仍然很难。他俩觉得卡拉正在使用的类固醇和免疫球蛋白正在起着很好的作用。但沙希不这样认为，可她能做的也只能是等待。几个月过去了，克莉丝汀和克莱顿对类固醇和免疫球蛋白的信心也消退了。他们不得已同意与卡拉一起做测序。

沙希非常震惊。她非常肯定卡拉得的是遗传疾病，所以她让戈德斯坦快速跟踪卡拉的测序。测序花了3个星期的时间。时间刻不容缓，因为卡拉要开始做化疗了。

研究要按照严格的程序进行。研究的每一个方面都要由一个机构审查小组进行审查，审查小组由在委员会任职的专家组成，这个委员会监督并审查各大学的研究机构进行的研究，保证这些研究达到联邦、机构以及道德标准。为了保护病人免受不精确诊查结果带来的伤害，医生不能基于研究结果给病人进行治疗；行医规范要求检查结果必须首先在临床实验室得到确认。

随着技术的进步，测序的费用大幅下降，从2005年1月的1750万美元到2010年1月的47 000美元，再到2015年1月的不到4 000美元。但是这些费用不包括解读测序数据、决定致病遗传变体的费用，所以当遗传学家觉得测序对病人有好处时，费用仍然是一个主要考虑的问题。很少有保险公司能很快报销测序的费用，于是无法自掏腰包的病人便支付不起精细的测序结果分析。在一些机构，比如杜克大学，如果保险公司拒绝报销，则由医院来支付费用。沙希就在杜克大学工作，她说："能不能得到精确的测序结果分析是非常重要的。一个来自北卡罗来纳州农村地区的孩子，如果不能在我们这样的中心看病的话，就不可能做基因组测序。"

在戈德斯坦位于达勒姆的实验室里，卡拉的血样正在被转来转去，接受分析。在格林夫妇位于罗利的家里，卡拉正在睡午觉。他们家离正在试着分析卡拉血样的价值100万美元的机器相隔半小时路程。此时是4月18日，周五，中午11：15。

在这两天之前，克莉丝汀给肖赫发了一封邮件，想要获取实时信息。克莉丝汀说："肖赫说最开始他们没有发现任何异常。我们觉得如释重负，因为我们认为遗传问题就意味着你对此束手无策。肖赫说他们后续有任何进展会随时告诉我们。我们当时在想，根据他们已经给我们所说的信息，我们应该继续给卡拉做化疗，因为这是自身免疫系统紊乱。我们应该在周一去做化疗。"

格林夫妇变得越来越绝望了。卡拉的情况变得更加糟糕了，她的胳膊没有力气，她根本就举不起来。她现在也用不了平时用的粉色高脚椅子，因为托盘太高了，所以她爸妈只能给她换一个低一点的托盘。她似乎一天比一天虚弱了，根本没有力气去玩儿。克莉丝汀说："真的很难。克莱顿和我紧张到不行。看着她越来越不行，我们很害怕。我把玩具放到她面前，她不愿意，她没法去玩玩具。但是我们相信我们正在一点点地治疗卡拉的免疫系统紊乱问题，我们希望她最终会好起来。我们俩都相信上帝，并不是说我们希望上帝能治好卡拉的病，而是我们能够重新思考我们想从生活中得到什么，还有对自己的孩子有什么期待。作为父母，就算你不在意自己的孩子是否能实现美国梦，但也肯定希望自己的孩子变得聪明，健康成长，擅长体育。卡拉的病情让我们开始重新思考我们的世界观以及我们对家庭的期待。我们明白了人生没有什么是设定好了的。"

周五早上，卡拉在婴儿床里睡觉，这时电话响了，是沙希打来的。她有一些令人惊讶的消息，但是更让人惊讶的是由于卡拉所参与的这项研究的性质，沙希不能把这个消息告诉克莉丝汀。但是沙希可以告诉克莉丝汀这个消息很重要，她已经提前向机构审查小组提出了申请，希望能通融一下，允许她告诉克莉丝汀她对卡拉病情的猜测。

当时卡拉的身体情况实在很糟糕，所以克莉丝汀和克莱顿猜想的是最坏的结果。他们想着沙希打电话是要委婉地告诉他们卡拉要不久于人世了。克莉丝汀说："那个周末我们哭了很久。"当时克莉丝汀已经怀孕将近 8 个月了，是个女宝宝。如果卡拉的任何遗传问题在她还未出生的妹妹身上也有该怎么办？那个周末她一直在网上查找与卡拉的症状相符的病情。周六，她和克莱顿、卡拉一起去了教堂。那里正在举办复活节寻找彩蛋活动，孩子们跑来跑去，拿着彩蛋一起玩耍，但卡拉却不行。"所以我在狮王食品超市门口停了车，给卡拉买了一个复活节彩蛋篮子，因为我当时在想如果明年卡拉不在了怎么办？"克莉丝汀忧伤地说。

周一早上，沙希又打来了电话。格林夫妇在下午1：30的时候要去见神经医师，讨论做化疗的细节。沙希打电话问他们1点的时候是否能出现？

了解到格林夫妇的处境后，戈德斯坦的实验室加快了数据压缩的过程。卡拉开始做化疗前的那一周，沙希收到了一封戈德斯坦实验室里一位研究人员发来的邮件，邮件里把导致卡拉病情的遗传问题基因缩减到了两个变体，然后把这些变体与杜克大学一个拥有1200个人基因组的数据库进行了对比，以此来看一看这些变体有多特殊。

沙希说："有一件事还没弄清楚。"其中有一个变量与霍奇金病有关，但卡拉的症状与此并不相符。在另一个基因SLC52A2中，研究员发现了复合杂合突变，即在同一个基因中发生两个不同的突变。这两个突变一个遗传自卡拉的母亲，另一个来自父亲。事情渐渐有了眉目。

沙希首先从SLC52A2基因着手，因为这个基因包含两个重要变量，沙希想知道它是否与某一种疾病有关。接着她研究了这一基因中的两个变量，看它们是否就是导致卡拉患病的罪魁祸首。沙希继续深入研究基因变化的本质。三个基因序列联合编制成一个氨基酸的三联体密码，如果其中之一缺失或有误，氨基酸就无法正确合成，由这个氨基酸生成的蛋白质会因此受影响，并导致人体患病。沙希说："有时并不完全肯定。比如，如果一个基因序列代替了另一个，可以用电脑模型来预测这个变化是否有害。我们并不能指望通过这个找出病因，但是零零碎碎的信息收集起来也能加深我们对某一变量的认识。"某一变量的破坏性越大，研究员们就越会对其进行深入研究。

沙希接着说："在卡拉的案例中，我的目标很明确，因此花了 4 个小时就搞清楚了。但有的人症状不够典型，没有特别突出的表征，他们的诊断就需要几个月时间。有时候我们只能说某个基因有可能发生了变化，然后到此为止，就没有下一步进展了。"

沙希在研究卡拉的 SLC52A2 基因时，突然发现了一条和卡拉症状十分相似的描述。她说："看到那个文献的时候，一切豁然开朗了。卡拉的病叫作进行性桥延麻痹伴耳聋综合征，又称 Brown–Vialetto–Van Laere 综合征。"这种病在 1894 年被发现，至今全球患者不超过百人。"卡拉的表型和这个病完全吻合。她的临床进展、症状、遗传背景以及两个破坏性变量为我确诊疾病提供了帮助。"沙希说。

一般情况下，在沙希确诊了某一疾病后，她会将病人的 DNA 送至联邦政府授权的临床实验室。根据杜克大学机构审查委员会的规定，实验室不得将研究结果用于对病人的治疗，除非研究结果事先得到了经高度严格的 1988 年临床实验室改进修订案认可的第三方临床实验室的确认。1988 年的修订案是对此前所制定法律的更新，目的是监督临床实验室的测试。在大多数情况下，要取得临床实验室的确认需要六周左右的时间，这不是什么大问题。但对卡拉来说，这六周的等待时间意味着她的整个免疫系统可能会因为化疗而瘫痪。

周一上午，沙希和戈德斯坦与机构审查委员会的主席交谈并说明了情况。经过复杂的基因组分析，他们认为卡拉的病不需要化疗，化疗根本不对症，卡拉只需要服用维生素即可增强体力。主席认可他们的说法，松口允许沙希将信息告诉格林夫妇。

克莉丝汀和克莱顿带着女儿卡拉到医院等结果，克莉丝汀惴惴不安，焦急万分。他们一踏进诊断室，沙希就直奔主题："我们有个治疗方案，今天就开始实施。这是卡拉得的病的名称，这是读法。"说着，她拿出了一张纸，在上面用大写字母标出了疾病名称。

Brown–Vialetto–Van Laere 综合征可简写为 BVVL 综合征，这是一

种罕见的遗传病，患者通常出现神经受损等症状。BVVL 综合征患者通常会上肢无力，下肢正常，这和卡拉的症状一模一样。卡拉的病是由基因问题引起的，这个基因为将核黄素（即维生素 B2）输送至细胞的蛋白质编制密码。该基因出错后，核黄素无法输送到细胞中，也无法转换成两个生成一系列化学反应以制造能量的辅酶因子。无法制造能量，细胞就无法维持新陈代谢。简而言之，核黄素缺乏导致了能量匮乏。

严重的能量制造不均衡导致卡拉出现了代谢紊乱。沙希在研究BVVL 综合征时阅读了很多论文，其中两篇研究论文指出可以用核黄素治疗 BVVL 综合征患儿。核黄素属于维生素 B 族，其实就是维生素 B2。卡拉其实不需要强效药，更不需要化疗，只需要补充维生素 B2 即可。

沙希对卡拉的父母说："我们的治疗方案就是补充维生素 B2。"

克莱顿把头垂在膝盖上，克莉丝汀哈哈大笑，显然他们都感到难以置信。克莉丝汀问道："维生素 B2？真的吗？她只需要补充维生素B2？"

"的确如此，"沙希对我说，"我们对这个基因的了解远超他人。或许我们只需要让卡拉服用大剂量的维生素 B2，总会有一些被输送至细胞内。理论上很容易，我们决定试一试。"

卡拉现在服用大剂量的维生素 B2，这种橙黄色物质在牛奶、芝士、叶类蔬菜和蘑菇中都很常见。仅仅通过食物摄取维生素 B2 远不能满足卡拉的需求：她每天需要摄入 800 毫克的维生素 B2，而健康的孩子每天摄入 1 到 2 毫克即可。由于大量服用维生素 B2，卡拉的尿液呈现出橘子味芬达汽水的颜色。2014 年夏天，格林一家向东迁至威明顿市，不久我就拜访了他们的新家。卡拉跟在我和克莉丝汀后面，双手拿着塑料玩具碰来碰去。在卡拉的房间里，克莉丝汀指着她的摇篮说："卡拉的床上还沾着服用维生素 B2 的斑点。"橙色现在可以说是格林一家的新宠了，不是吗？

　　卡拉的诊断无异于及时雨。格林夫妇当时还不知道，如果基因检测没有诊断出卡拉的病因，卡拉可能已经命丧黄泉。

　　沙希说："这种病病情严重，且具有致命性。如果没有正确的诊断，卡拉可能出现胸部感染，另外由于膈膜十分脆弱，她还可能出不来气。总之，这个测试将她从死神手里夺了回来。"

　　事实上，卡拉的情况可以作为基因检测改革医疗的案例写入教科书了：通过基因检测确诊疾病后，医生为卡拉制定了对症且无毒的治疗方案。然而，虽然卡拉的故事很振奋人心，但却并不是医学界的常态，这从报道她事迹的新闻标题"女童服用维生素 B2 摆脱死神"就可以看出。

　　戈德斯坦坦承："卡拉是个特例。她的诊断过程十分顺利：我们找到病因后，事情就有了转机。这种事情虽然不常见，但确实有可能发生。即使目前我们的技术有限，即使像卡拉这样的情况十分罕见，我们仍会坚持这项工作，因为我们在治病救人。"

　　2014 年 8 月份，我在杜克大学见到了接受沙希和戈德斯坦检查的卡拉，当时她接受维生素疗法已经 4 个月了。她身穿粉色短裤和印有棒冰图案的短袖，棕色的头发用黄色丝带扎成了一个短短的马尾，这身行头在炎炎夏日是不错的选择。当时小小的诊断室挤了好几个人：沙希、戈德斯坦、遗传学咨询师凯莉·肖赫、卡拉的爸爸克莱顿和妈妈克莉丝汀，克莉丝汀还抱着卡拉的妹妹苏珊，当然还有我。面对一屋子的人，卡拉一点也不认生。

　　格林夫妇和沙希、戈德斯坦交谈的时候，卡拉和我在候诊室里来回走动，我们一起轻轻地在瓷砖地上走着。走了一会儿，卡拉的脚步开始晃动，就像不停转圈直到快眩晕的小孩一样。我急忙抱起了她。在著名儿童读物《古纳什小兔》(Knuffle Bunny)中，主人公特里克茜(Trixie)在自己很喜欢的玩具兔子不见之后大发雷霆。作者莫·威廉斯文(Mo Willems)写道："特里克茜张口大骂，然后逐渐变得柔若无骨。"父母们都明白抱着柔弱无力而颇有重量的"无骨"小孩是什么感觉。这就是我抱着卡拉时的感觉，卡拉在我的怀里如婴儿般柔软，浑身的筋骨好像是用熟面条做成的一样。

在我怀里待了一会儿后，卡拉就想挣脱开自己走路。我紧紧地拉着她的手防止她跌倒。她像刚学会走路的孩子那样左右摇晃，有一瞬间甚至来回晃动，像喝醉酒了一样。这比她上次来检查时好多了。肖赫赞叹道："她走得真不错！"沙希说："是啊，真了不起。"

与几周前相比，卡拉能把胳膊抬得更高了。正常的大人和小孩在摔倒快着地的时候会伸出胳膊以保护脸部，减轻冲击；但是卡拉却只能直挺挺地让脸部着地，因为她的双臂遭受的神经受损还未恢复。神经恢复进程缓慢，每天愈合一毫米。沙希预测卡拉会继续恢复，但卡拉是否能完全恢复尚不清楚，毕竟此前没有较多的 BVVL 患儿作参照。尽管如此，卡拉的情况一直在好转。到了 2016 年夏天，她已经能把双臂举过头顶了，双手还能握住勺子或铅笔。她还学会了涂色、画画，甚至能够分辨颜色。这一点出人意料，因为此前的测试表明卡拉的视网膜细胞也受到了损失，这将影响她辨别颜色的能力。

沙希说："我内心的那种怀疑的声音也不得不承认卡拉恢复得很好。像我这样谨慎保守的人，也受到了莫大的鼓舞。"

克莉丝汀和克莱顿为卡拉的每个进步都感激不已，为每个新发现的卡拉与正常孩子的相同之处而欢欣鼓舞。最近他们在饭店吃饭的时候，还得把饭盘从卡拉身边拉出来一点。克莉丝汀说："我对克莱顿说，这正是对待手臂正常的孩子们的做法！"

戈德斯坦和沙希估计美国大约有 40 名 BVVL 综合征患者，尽管目前只有卡拉得到了明确的诊断。卡拉的确诊赋予了"百万分之一概率疾病的患儿"这一概念全新的含义。格林夫妇曾问戈德斯坦，两个 BVVL 基因的携带者相遇相守的情况有多罕见，戈德斯坦回答道："这种情况非常、非常罕见，但是它的的确确在一些人身上发生了。"

格林夫妇是否能在卡拉出生前了解她的患病情况？事实上，在克莉丝汀怀卡拉的时候，曾有机会做基因测试，但她没有做。她虽然自称想知道一切信息，但同时也很容易焦虑。由于没有家族遗传病史，克莉丝汀就默认这方面没问题。她说："我想这种事肯定不会落在我头上，现在看来，当时实在太幼稚了。"

其实，克莉丝汀做不做产前测试对于卡拉的病意义不大，因为BVVL综合征极为罕见，常规的载体筛查根本不查这一项。"了解BVVL综合征的唯一方式就是对每个孩子进行外显子组测序。"克莉丝汀如是说，她的语气似乎暗示这不可能实现。我告诉她，其实有个重要的研究正在探索为新生儿进行测试的可行性。沙希说："基因检测应该能够发现这一疾病。"如果能在卡拉出生时就检查出疾病，那么格林一家就不用经历卡拉出现症状后的痛心，也能够节省时间和金钱。更重要的是，能够在第一时间免除女儿遭受疾病的痛苦。

The Gene Machine 08

基因"瓶中精灵"

新生儿测序

HOW GENETIC
TECHNOLOGIES ARE CHANGING
THE WAY WE HAVE KIDS - AND THE KIDS WE HAVE

珍妮弗·加西亚（Jennifer Garcia）有一个 4 岁大的儿子，今年她又生下了一个男孩，并为他取名卡梅伦。加西亚在两次生产前都进行了产前检查，筛查孩子是否有患唐氏综合征以及囊性纤维化的可能。测试结果表明孩子一切正常。她在孩子出生后毫不犹豫地让孩子做了得克萨斯州规定医院要做的新生儿标准筛查；这种筛查需要刺破孩子的脚后跟取血测试，以筛查约 30 种疾病。

几个月过去了，卡梅伦渐渐长大，可以抬头对父母微笑了。他看上去非常健康强壮，体重和身高都能达到同龄婴儿前 90% 的水平。卡梅伦朝着家里的狗哈哈笑，学会了连滚带爬地去抓房间另一头的玩具。在他 7 个月大的时候，他感染了肺炎，在医院病危了好几次，不得不接受插管治疗。经历了 CT 扫描、核磁共振成像、脑电图监视、脊髓穿刺和输血之后，医院还是查不出卡梅伦哪里出了问题。起初，医生们以为卡梅伦患了脑膜炎，后来以为是百日咳，为了以防万一，他们给卡梅伦用了抗痉挛药物、抗生素、抗病毒和抗菌药。各路专家都来问诊，急救护理、儿科、神经学、癫痫病、毒物学、免疫学、传染病和气功团队都试图找出答案。十天之后，卡梅伦被送进了一个大型医疗中心，在那里人们找到了问题的答案：一位免疫学家怀疑卡梅伦有严重联合免疫缺陷病（SCID），它也被称为"气泡男孩症"，患上这种病的人没有免疫机能，这正是卡梅伦无法康复的原因。

这项诊断让加西亚和她的老公十分困惑。他们都没有 SCID 的家族病史，事实上他们从来都没有听说过这种病。不管怎样，卡梅伦的新生儿疾病筛查不是应该早就筛查出这项疾病了吗？加西亚开始调查，而她的发现令她无法相信：SCID 完全可以通过新生儿疾病筛查检测出来，用筛查其他病所用的干血片就可以筛查出来，但当时的得克萨斯州和其他许多州一样并没有筛查 SCID。如果能早查出 SCID，在孩子病重丧命之前就可以通过骨髓移植把无效的免疫系统替换成健康的免疫系统以实现基本治愈，且超过 90% 的患者在头三个半月接受移植都基本痊愈了。但卡梅伦确诊的时候已经 8 个月大了，命悬一线。

卡梅伦出生前一个月，SCID 刚被纳入国家推荐的核心新生儿疾病筛查目录，然而得州要开始给所有新生儿疾病筛查此病还需要两年多的时间。但这一切对卡梅伦来说都太晚了，2011 年 3 月 30 日，年仅 9 个月大的卡梅伦夭折了。

卡梅伦的母亲加西亚强调了在技术条件允许下不筛查某种疾病的危害，这是可以理解的。在失去卡梅伦，离开医院的当晚她就成了一名积极分子，最终促成得克萨斯州把 SCID 纳入新生儿疾病筛查的目录。得知所有出生在得州医院的婴儿都能接受 SCID 的时候，加西亚的丧子之痛才得到了些许安慰。加西亚在一则讲述 SCID 筛查重要性的博文中写道："我想人们知道这个孩子改变了我们的生活，他的出生为人们做出了贡献。如果我们能够早点知道卡梅伦患有 SCID——在他感染之前我们本来可以知道的，我百分之百地确信卡梅伦现在还活着。我希望他的小生命不仅对我们的家庭，对千千万万个家庭来说也是有意义的。"

　　如果我们不需要很长时间把新的疾病检测一项项加进新生儿疾病筛查目录呢？如果一次测试就能查出许多新生儿要筛查的疾病，甚至是一些连新生儿疾病筛查都查不出的疾病呢？

　　这个问题并非假设。在一项旨在彻底查明人类生命之初的健康情况、备受期待的研究中，美国国立卫生研究院委托四所大学医疗中心研究利用基因组测序技术绘制孩子的全部遗传密码在医疗、行为、经济以及道德方面产生的影响。给每个孩子进行基因组测序是明智的做法吗？

　　很显然，这种做法有许多好处。它有助于确认更多的高危婴儿，那些和卡梅伦一样赖于早期治疗干预的婴儿可以尽早得到治疗。但难免也会有家长必须面对一个事实，那就是发现的健康问题无法通过治疗改善，一些被称为"意义未定的基因变体"尚不清楚其影响：它们可能代表健康问题，也可能是一串 DNA 天书，无法破解。

　　许多父母对基因组测序结果期望很高，却最终发现孩子的大部分基因是无法解读的。米歇尔·赫卡比·路易斯（Michelle Huckaby Lewis）是一名专业儿科医生和律师，她调查了霍普金斯大学伯曼生物伦理研究所的遗传学政策，担心这些政策会带来问题。她在美国医学协会主办的儿科杂志中评论道："遗传学及其附属专业的从业人员数量不能满足社会不断增长的需求。"罗伯特·格林说："此外，预约专科医师一号难求的情况可能会让那些病情不在儿童期显现的孩子抢占机会，从而让那些有迫切需求的孩子更难获得诊断机会。不管怎样，这似乎就是医疗发展的方向。"罗伯特·格林参与领导了"新生儿测序"计划（BabySeq Project），这项新生儿测序计划由哈佛大学附属的布莱根妇女医院和波士顿儿童医院共同开展，是获联邦财政支持的四个项目点之一。"新生儿测序"计划旨在研究父母及医生如何使用基因数据提升孩子的身体健康水平。和格林共同领导计划的是阿伦·贝格斯（Alan Beggs），他曾赞助诊断亚当·福伊竞赛，现同格林一道对 240 名健康婴儿和 240 名病儿进行对照实验。他们随机为两个组各一半的孩子测序，来观察病儿父母对测序结果的反应是否与健康婴儿的父母不同。当父母发现孩子并不像之前认为的那样健康而无法承受时，这些病儿父母是否认为这些额外信息对他们有所帮助？这两组是否都更倾向于传统新生儿疾病筛查提供的有限信息？医生把如此大量的信息融入到对这些最小、最虚弱病人的医疗中去的最佳方法是什么？格林说实验的目的是探索一些关键问题："基因组测序可怕吗？有用吗？它是否会让家人困惑不已？"

在这项研究的准备阶段，格林和同事们在孩子刚出生不久，便调查了这些孩子的父母，询问他们是否想给孩子进行 DNA 测序。他们发现父母们都非常感兴趣。3 个月后，研究人员进一步向这些父母详细阐述了能提供的信息，如患癌风险、患帕金森病的倾向等。

那些感兴趣的父母很少动摇。"这表明人们对基因组测序的需求非常大，即使在健康婴儿群体中也是如此。这个趋势难以抵挡。"格林说。

然而，格林说进行新生儿基因组测序并把结果"一股脑儿吐给"家长"似乎很危险"。不安的家长和努力解读不确定结果的医生会使一切都充满变数。格林说："与孩子的测序结果相比，人们对自己的检查结果会更乐观一些。最突出的问题就是伤害。针对谈话对象，所有这些理论都会涉及伤害——不安、悲痛和被误解的信息。当这些问题涉及婴儿时会更加突出，因为婴儿无法选择，而这又可能造成对他们的最初伤害。"

2015 年春我访问波士顿的时候，这个项目正准备招募他的第一个受试者。我以为我会见到一两位研究者，但接待我的却是六位新生儿儿科专家、遗传学家和遗传咨询师。养大一个孩子要合众人之力，敲定孩子测序的细节也要合众人之力。他们解释说"新生儿测序"计划（截至 2016 年底共招募到约 100 多个家庭）会把告知父母的测序结果限制在那些与孩子童年期就存在的疾病相关的基因突变中。孩子的父母和他们的儿科医生也会被纳入研究，旨在评估医学结果对父母与孩子关系的影响，以及数据是否有用，这些数据是否被纳入了孩子的医疗保健系统。换句话说，大量的基因组测序数据是否要被转化为更好的儿童医疗保健？从测序带来的好处讲，测序付出的金钱和情感代价是否值得？格林说："如果世上所有的婴儿都可以快速得到测序结果，那么医生们会如何利用这些信息来辅助医疗，做出判断，开出药方呢？我们努力模拟着基因组测序不容易也不便宜的情景，模拟医生不习惯于应对基因组测序结果的情况——我们在努力模拟未来。"

如果格林的预测正确，那么这种情况的实现就不会遥远了。"在未来五年之内，我想测序就会成为免费赠品。你的银行会为了让你开个账户而赠给你测序服务。你也可以用飞行里程来换购这项服务，你办卡的那家健身房也会赠给你。"

这当然有好处。但仅凭几个案例，很难预测到某个家庭会怎样应对这些令人不安的消息。以基因组测序争取时间诊断亚当·福伊的肌肉无力症为例。亚当·福伊一家很多年都找不出亚当的病因，而在找出亚当这个中学生的肌联蛋白（TTN）基因变异之后，贝格斯并不知道亚当的父母萨拉和帕特会做出怎样的反应。他们不仅知道了自己的基因也有类似的基因变异，还得知他们的基因变异与一种叫作心肌病的心脏病有关。进一步测试表明，他的母亲萨拉·福伊（Sara Foye），尤其是她的姐妹已经患上了心肌病。也就是说，在得知亚当身体出了什么问题之后，他们意外得知自己的身体也出了问题。他们现在都在服药控制病情。贝格斯说："一方面，我可以想象这会把他们打入深渊。就像确诊癌症之后，有人成了积极分子致力于相关事业，有人则一蹶不振。这正是两难之处，你不能确保所有人都没有不良反应。"

这种情况发生在白纸一张的新生儿身上当然会让气氛尤其紧张。孩子的未来似乎充满一切可能，纠正父母的这种观念是否明智呢？

实际上，没有人的未来是真正开放的。每个人都是由基因构成的，我们的基因里流淌着先辈的痕迹，这就是遗传学在医疗卫生中的独特之处：基因不仅能让病人深入了解自己，还能了解他的家庭。我们能透过基因了解自己的家人，因此"遗传例外主义"这一概念就出现了。

支持者们认为，与别的健康数据不同，基因检测结果需要特别的隐私保护，因为如果保护不当遭到泄露的话，某些有遗传特质或遗传疾病的人可能会受到歧视。詹姆斯·埃文斯（James Evans）和怀利·伯克（Wylie Burke）问："为什么我们每个人无论如何都会支持遗传例外主义呢？"在 2008 年的《医学遗传学》（*Genetics in Medicine*）上的一篇评论文章里，他们提出遗传信息同别的医疗数据都需要保护。文章写道："我们认为有两个原因：一是遗传学在我们最重要的人际关系里处于核心位置——DNA 检测可以确认亲子关系是否属实，可以让我们了解自己的先辈；第二个原因来源于我们的文化信仰，人们认为遗传学在很大程度上决定了我们是谁（尽管存在很多争议）。"

在某种程度上，埃文斯认为遗传例外主义的出现是因为人们认为遗传学与主流医学专业不一样，自成一套高大上的体系。例如，很多遗传学家并不像其他医学领域的专家那样经常给病人看病，所以他们的很多从业规范和规则都不同于别的医学领域。我们可以对比一下。这与病人做核磁共振检查的直接方法不同——医生让病人做核磁共振检查，无须进行辅导，而基因检测多年来一直要经过好几个步骤。过去，规范的程序是病人首先要预约面谈基因检测的可行性。之后，病人回家仔细考虑是否要做基因检测。如果有兴趣就再预约抽血做检查。等到下次预约才会得到检查结果。北卡罗来纳大学教堂山分校遗传学和医学教授、《医学遗传学》杂志总编埃文斯说："基因检测之所以是这样的程序，是因为人们认为遗传信息很吓人，对未来情况的预测性很强，所以他们需要进行大量咨询才能理解并应对它。"

由于越来越多的病人做基因检测，再加上缺少证据说明人们需要进行大量咨询，之前的程序才被淘汰了。现在，咨询和检测可以在同一次预约中进行。埃文斯和其他人的研究已经说明，人们现在愿意通过电话得知检查结果，而且往往倾向于采用这个方式。

尽管基因检测的程序已经简化了，不过遗传例外主义仍然强调做基因检测之前要进行咨询，包括讨论基因检测的结果可能会有别的发现。不过医生并不会告诉做核磁共振检查的病人他们也可能会得到意外的结果。

这种不同的原因是什么？埃文斯的左前臂上有一个文身，是个双螺旋组成的达尔文鱼头，他说："遗传学的特殊之处就在于你的血液，而不是你的胸部 X 光片、地址或者心电图检查——因为在一些重要的方面，不管是肉体上还是精神上的，我们的基因组在本质上决定着我们是谁。DNA 并不是决定我们特点的唯一力量，但不可否认，在很大程度上，基因组对我们的"编码"方式是我们之所以成为我们的一个重要决定因素。"

因此，我们倾向于给予遗传信息特殊的保护，尤其是涉及隐私的时候。

说话语调十分轻快的贝格认为"遗传例外主义是骗人的"，尽管他承认测序信息因为对未来的情况有一定的预测性，可能会骇人听闻。他说："虽然有风险，但我认为利大于弊。我们不能把精灵放回瓶子里。既然它出来了，我们就应该让有需要的人接触到它。"

必须明确的是，在如何应对越来越多的遗传信息方面，我们需要有人指导，特别是如果我们要开始积累大量关于宝宝基因组信息的话。贝格斯说："关键问题是，我们拥有足够多的、训练有素的工作人员来解释这些检测吗？如果有人打电话说担心自己孩子的检查结果，我们可以解释 240 个孩子的检查结果。但如果测序变得非常普遍了，我们能做到为所有人解释他们的结果吗？"

之前谈到的隐私以及享有自主决定未来的权利也是一个重要的挑战。新生儿测序结果会招致耻辱和歧视吗？也许耻辱和歧视恰恰会来自孩子的父母。

这一风险是不是事实，是新生儿测序研究的一个主要考量部分。美国国立人类基因组研究所的伦理、法律和社会影响研究项目的高级程序分析师乔伊·波伊尔（Joy Boyer）说："缜密、科学地收集数据会导致'弱势儿童综合征'吗？如果父母知道他们的宝宝会患上某种疾病，这肯定会影响父母与孩子的互动方式，也会影响他们看待孩子未来的方式。"儿童的隐私有多重要？

我曾经跟我一个患乳腺癌的朋友黛比·霍维茨（Debbie Horwitz）讨论过这一窘境。她的乳腺癌基因突变检查结果呈阳性，这会提高她患乳腺癌的风险，但是她很幸运地战胜了病魔。霍维茨来自北卡罗来纳州的罗利，她还记得她预约做完超声波检查发现自己怀了一个女儿时，内心有多么焦虑。霍维茨说："我做完检查出来就说，'天呐，她要是得了乳腺癌怎么办？'"她丈夫埃文对此并不理解。霍维茨说："他说我'太悲观了'，但是我说女儿要是得了乳腺癌我就活不下去了。"霍维茨当时下定决心要找到一个方法给她还小的女儿乔丹做检查，但是她的丈夫坚决反对。她现在也同意了丈夫的观点。她说："我觉得我们现在知道她的信息对我们来说不公平，而且这会让我们整个家庭都背上负担，也会影响我们跟女儿的关系。想知道乔丹的检查结果是阳性还是阴性，也会让我们全家陷入紧张、难过中。当你考虑给孩子做检查时，你得考虑这会给你的家人带来什么影响。"

∞ ∞ ∞

实际上，检查结果如何影响父母以及他们对新生儿看法的相关研究已经说明，错误的阳性筛查结果会带来压力。为了缓解压力就会去做新生儿基因组测序，而基因组测序会得出各种不确定的发现，所以可能会让父母不安也就不足为奇了。我们真的需要通过官方研究来知道这些吗？

苏珊·威斯布伦（Susan Waisbren）也这样认为。2014年她负责开展了一项研究，罗伯特·格林是该项研究报告的主要作者。在这次研究中，83%的新生儿父母对给宝宝做基因组测序感兴趣。苏珊认为量化给新生儿（我们这个社会里最沉默的成员）做各种测序检查的利弊很重要。她是波士顿儿童医院的心理学家，她跟格林还负责展开另一项研究。这个研究跟进了她在 2014 年的研究中已经采访过的父母。在这个新的研究中，她采访了一些 6 个月到 18 个月大的健康新生儿的父母，并制作了一个父母紧张程度量表和一个亲子关系问卷。她说："调查结果非常有趣。"她发现得到宝宝令人担心的消息后，父亲比母亲更有压力。而母亲的压力程度都一样，并不会出现一些母亲比别的母亲压力更大的现象。但不管是父亲还是母亲，他们与孩子的关系都没有受到影响。

这些研究发现是否能让我们放心大胆地给美国的每一个宝宝都做测序呢？并不是这样的。人与人之间的关系并不是非黑即白的。有些事情可能会让一个家庭的关系更亲密，但可能会让另一个家庭的关系受到损害。父母的性情以及检查结果在很大程度上会影响父母如何处理孩子的检查数据。不同的人面对同样的检查结果可能会有完全不同的反应。但是苏珊·伍尔夫（Susan Wolf）认为了解孩子的信息肯定会有一定影响。她是一位律师，并创立了明尼苏达大学法律以及健康、环境和生命科学价值联盟。她说："我担心父母知道孩子的信息将影响父母对孩子的看法。有些人认为知道自己孩子的基因组信息并不会影响你与孩子的关系以及你对孩子的看法，你觉得这一观点的可信度有多高？"

伍尔夫反对让父母想知道多少有关孩子未来健康的信息就知道多少。在别的领域，比如生育健康、精神健康以及药物滥用领域，法律保护青少年的权利，让他们自己做健康方面的决定。美国有一半以上的州允许青少年自主做出有关节育、产前护理以及堕胎的决定（只有两个州以及哥伦比亚特区允许未成年人独立做出堕胎的决定）。

同样，伍尔夫也认为儿童应该有权决定他们是否愿意让自己的基因组对父母完全敞开大门。很明显这一问题无法直接去问新生儿，但是可以问稍大点儿的孩子。伍尔夫 2005 年开始研究基因测试结果的影响，她说："我们得跟孩子们谈一谈。你应该去问那些特权和权利正在变少的人，而不是那些正在变多的人。研究人员跟很多青少年进行了交流，对于检查，大多数青少年都说他们想自己做决定。我认为这是一个很强大的论据。"

2014 年伍尔夫给自己做基因组测序时，她的一个孩子就反对她这样做，还问她为什么希望听到有可能比较吓人的信息，况且自己又无力改变什么。但伍尔夫还是去做了测序，因为她觉得这会对她的工作有帮助。但是她的检查结果不仅一点启示作用都没有，而且还非常让人沮丧。她说："有四五个致病基因突变似乎有问题。"意义未定的数百个变体让她无比焦虑。她说："基因组测序像是一个还没有准备好迎接黄金时代的科学。"

一些专家也担心出生的时候就做测序可能会让孩子遭受歧视。早在 2008 年的时候国会似乎就预见到了这一可能性，于是当年通过了《反基因歧视法》（*Genetic Information Nondiscrimination*），禁止医疗保险公司或用人单位以某人的基因信息为由拒绝向他们提供保险或工作。2010 的年《平价医疗法案》（*The Affordable Care Act*）以医保的覆盖面为基础，不论先前是什么情况。《反基因歧视法》在两年前就做出了相似的保护。国会女议员露易丝·斯劳特（Louise Slaughter）说："没有什么是出现在基因之前的了。"她是纽约州一位 86 岁的微生物学家，她支持这一法案。但认真研读便会发现这一法案的重大缺陷：它不适用于其他类型的保险，比如伤残保险或人寿保险。这并不是因为斯劳特对此不关心，而是她的工作要求她（从 1987 年起代表她所在的区）选择自己的负责范围。她选择支持人们的生计以及拥有健康保险的权利。

2016 年，该法案遭受了挫折。因为一些新规定破坏了该法案的一个关键部分，即保护员工不再被迫告诉雇主他们以及他们家人的基因数据。但这些新规定允许雇主赞助的员工医疗保健方案为员工的医疗保险费提供大量折扣，只要员工分享他们的基因数据。这些项目还会惩罚那些对自己的基因数据保密的员工。然而，不久前事态又朝着相反方向发展了，因为国会出台了两党《基因研究隐私保护法》（*Genetic Research Privacy Protection Act*）来进一步保护个人的基因信息。这一法案规定政府资助的研究项目所获得的大量基因信息必须保密，由此强化了联邦机构对其所保存的个人基因信息的保护。

人们越来越关注隐私是可以理解的，因为测序带来的结果要远远多于标准的新生儿疾病筛查带来的结果。测序可以揭示基因携带者的病情，例如，一个疾病基因携带者是健康的，但是他把疾病传给自己任一孩子的风险会增加。凯斯西储大学基因研究伦理与法律中心的副主任亚伦·戈登堡（Aaron Goldenberg）说："一些州很自豪它们让孩子的父母接触到了恰当的资源和信息。"戈登堡正在研究各州会如何处理测序与新生儿疾病筛查整合带来的复杂情况。他预测："这些州刚开始是让一部分人接触恰当的资源和信息，不过最后会普及到每个人，因为每个人或多或少都会有某种阳性检查结果。"

但是，正如我们之前了解到的，阳性检查结果并不总是需要人们警惕。绝大多数病人并不清楚什么是基因可以揭示的，什么是基因揭示不出来的，所以这就需要普及更多医学知识。主流媒体多报道关于遗传学的新闻，人们就会更明白基因/环境的生成演化关系。在很多情况下，DNA并不是父母最关心的部分。美国国家遗传基因咨询顾问协会产前检查专家詹妮弗·马龙·霍斯克维克（Jennifer Malone Hoskovec）说："我们总是碰到这样的问题，'给我做羊膜腔穿刺术的时候，你能告诉我我的孩子会擅长数学吗？我的孩子会是同性恋吗？'大家充满了期待。现在的技术太先进了，所以给出的解读并不总是能让病人觉得是有意义的。这是我们现在面临的一个难题。"

不管怎样，可以做新生儿疾病筛查的州都不乐于为测序投入更多的资金，因为测序要贵得多。新生儿疾病筛查的费用有所不同，这取决于各州筛查的疾病是什么，但是2015年的费用是每个新生儿76美元。我们之前已经了解到，尽管测序费用已经降到了10 000美元以下，而且大家经常讨论"1000美元基因组"，但对测序数据进行可靠的解读仍然要花很多钱。保险公司并不乐于报销测序的费用，因为有些检查结果可能不太清楚，导致病人会去做别的比较贵的检查，而且往往没有太大必要。病人会对一些没有确诊出来的疾病做测序，越来越多的保险公司正在为此买单，尤其是有时候标准的检查无法找出病因，这一情况前一章提到过。但是很少有保险公司愿意报销健康的孩子或成人的测序费用。

如果医疗保险不报销这种检查费用，必然会导致不公平现象。抛开给新生儿做测序到底好不好这个问题先不谈，很明显有钱的父母能自掏腰包给他们的孩子做测序，而经济实力较弱的父母就无法给孩子做测序了解相关信息了。因此，测序就成了代表社会经济阶层分化的另一种方式。

我们要克服很多障碍才能知道是否所有新生儿都可以或都应该做测序。精确解读测序的数据（弄清楚哪些结果会引发人们的担忧，哪些可以被忽视）以及分配时间告知家属测序的信息，其成本将很高。随着医学对基因组的认识进一步加深，新生儿的测序数据可能需要重新分析，也要告诉孩子的父母有关测序结果的新信息。瑞士研究员雅克·贝克曼（Jacques S. Beckmann）在《人类突变》（*Human Mutation*）杂志上发表了一篇评论，题目是《我们能承担得起给每一个新生儿做基因组测序吗》。他在文章中指出，支持测序咨询会带来巨大的医疗保健支出。

很难想象与父母独处的咨询时间可以缩短一半，最有可能的还是要消耗一整天，即使我们尽量抓紧利用咨询时间……比如一个中等规模的医院，就像瑞士的洛桑大学医院，每年接生7000个宝宝，或者说每天接生大约20个宝宝，像这种规模的医院，每天都要有10~20个咨询师忙着向孩子的父母解释他们可能想知道（或者不想知道的）但不敢问的遗传和临床问题。想象一下，如果我们把这种咨询变得普及了，得需要多少人力、物力、财力才能向每一个做检查的个人以及家庭提供合适的检测前后的咨询服务。作为一个遗传学家，我应该为此感到很开心，因为这将让遗传学方面的服务变成医院最大的服务类型……然而，这将会给医疗体系带来多高的成本？

英格丽德·霍尔姆（Ingrid Holm）是一位儿科遗传学家，她参与了"新生儿测序计划"。她认为目前常规的新生儿测序以及大多数成人测序都很滑稽。霍尔姆说："大多数人的基因组都很无聊，没有什么特别之处。"霍尔姆是从她的个人经历的角度说的。在她的工作中，对自己的基因组做测序是工作需要。对此她的心里很矛盾——她很健康，没有不健康的家族疾病史，但她还是做了测序。她说："我身边每个人都做了测序。我对此并不乐意，但我觉得我应该这样做。就像鸡尾酒会上的对话，你要试着告诉大家你很酷。"

有些父母加入"新生儿测序"计划来了解他们孩子的 DNA，大多数父母很可能会感到失望，或者也许会感到松了一口气。霍尔姆说："他们会觉得了解他们孩子的基因是什么样会很有意思，但是他们得有一个相对高的教育水平才能理解遗传信息。"

∞　∞　∞

在新生儿测序的另一个地点——北卡罗来纳大学教堂山分校，研究人员正在调查孩子的父母是否已经准备好了接受宝宝的测序数据。研究人员采访父母对孩子做测序的态度时发现，他们得用简单的语言来表达信息。对于刚入门的人，他们用"变化"来代替"变异"，因为他们发现"变异"会让很多人迷惑不解。在试着向父母讲解遗传学的背景知识时，研究人员发现有时候他们解释过头说得太多了，反而会让孩子的父母感到迷惑，无法明白他们说的内容。一位研究人员说："有些人从没听过基因或基因变异，所以给他们说明遗传学知识时，需要给予连续系统的知识。"

有的夫妻两个人想法一致，但不少情况下他们想了解的信息并不一致。有些父母说他们本能地感到紧张，所以如果医生委婉地告诉他们检查结果，他们会感觉比较好。卡洛琳·钱德勒（Caroline Chandler）说："这些父母说他们很多年都生活在焦虑之中，虽然疾病可能并不会出现。"卡洛琳·钱德勒是北卡三角洲国际研究院（RTI international）的一位公共健康分析师。该研究院是一家非营利性研究机构，正在负责北卡罗来纳大学的这一项目。但是有的父母却想知道所有的结果，而且他们并不希望医生粉饰检查结果，他们希望得到尽可能多的信息，以便让他们应对得更充分。

正如美国国立人类基因组研究所主任埃里克·格林（Eric Green）所说："如果孩子的父母非常想知道，那我觉得我们阻止不了他们。"无论如何，他提到，测序结果是又一个例子，说明父母会了解关于孩子未来的信息——家族健康史是一个主要例子，也说明父母会评估什么时候分享这些信息比较合适。格林说："对我来说，我父母双方家庭都有患黑色素瘤的风险，而且我是白皮肤。除此之外，我有一个 18 岁的儿子，他有一头红发，患黑色素瘤的风险更大。我定期做检查。有一次，我跟我儿子说，'有生之年，你都有患黑色素瘤的风险。'每年我们俩都会一起去做检查。我以后也会带上我女儿，她现在 15 岁了。这就是所谓的把遗传信息告诉孩子。"

一些关于新生儿测序有效性的数据最早来自弗吉尼亚州瀑布教堂市艾诺华医学转换研究所，这一研究机构尝试利用基因组数据推出个性化医疗服务。艾诺华研究所从 2011 年起就已经开始招募三人组了——指妈妈、爸爸和他们的孩子，这一机构会问在附属医院生产的女性是否有兴趣参加这一活动。艾诺华研究所这一活动的目的很大胆：出生时对这些孩子进行基因组测序，并且终生都跟进他们的生活，以此了解基因组信息如何提高医疗服务水平。艾诺华研究所首席执行官、前国家癌症研究所主任约翰·尼德胡伯（John Niederhube）说："我们意识到这些领域尚未有人涉足。有些人也许会说，既然是无人涉足的领域，那么我们也不应该涉足。可是，我觉得只有去接触了，才能有所了解。"

艾玛·瓦林（Emma Warin）2012 年加入了这项研究，当时她怀孕四个月了，怀的是个男孩儿，名字叫加勒特。瓦林曾经在心导管实验室工作过，而且还是医疗设备销售代表，所以她在医疗领域感到很自在。她说："我不害怕这些东西。"那时加勒特才两个月大，健健康康地在他漆成黄绿色的卧室里玩耍，婴儿床的上面还画有一只小猴子。瓦林还没有得到加勒特的检查结果。她说："我觉得这项研究很好，并且我很感激自己能参与其中。每个人在未来都要能得到信息。"

瓦林一直忙着照顾孩子，直到一年后我给她打电话询问信息来更新这本书的时候，她才意识到她还没得到加勒特的检查结果。然后她就跟艾诺华研究机构联系，艾诺华告诉自己的研究人员，没有令人担心的结果并不能完全说明基因组的健康状况。

瓦林并不记得医生警告过她什么。她就记得她松了一口气，因为医生告诉她列表上的问题加勒特一个都没有。她说她想再核实一次，但是既然没有人打电话通知说有事情，她觉得没有消息就是好消息！

2016 年，艾诺华研究机构公布了一项研究报告，是 1700 个婴幼儿以及他们父母的测序结果。该机构得出结论，认为测序并不能取代传统的新生儿疾病筛查，因为它会漏掉一些筛查可以发现的东西。在该机构的研究中，有五个人的情况是新生儿疾病筛查本可以检测出来的，而测序只查出了其中两个人的症状。

尽管如此，测序还是能比公费的新生儿疾病筛查检测出更多的潜在疾病。在研究中，测序还能够弄清新生儿疾病筛查中不确定的项目，且报出假阳性的次数远远少于后者。测序的一些优势确实存在，因为各州纳入新生儿疾病筛查的疾病种类不尽相同。这项研究表明，有 14 个儿童患有葡萄糖 -6- 磷酸脱氢酶缺乏症，该病已经在一些州的新生儿疾病筛查之列，但不在弗吉尼亚州的筛查清单中。葡萄糖-6-磷酸脱氢酶缺乏症的患者应该禁食某些食物和药物，以防止红血球破裂。

在多数情况下，尚未有人提议用新生儿测序完全取代新生儿疾病筛查。事实上，前者是提高婴幼儿护理质量的重要工具。比如，如果得知婴儿患心脏病或癌症的风险较高，那么就可以进行早期监测；如果知道婴儿的基因出现罕见的变异，在服用常见的抗痉挛药卡巴西平后可能出现致命反应，那么这个消息可以挽救一条生命。当然，这些都是比较极端的例子。但是随着人们对基因及其影响的了解日益加深，还会有更多的类似例子出现。新生儿测序计划的领导者罗伯特·格林表示："我们认为，随着掌握的信息越来越多，我们可以根据婴幼儿的基因组来为其量身定做日后的预防、治疗及生活方式。"

尽管测序不可能完全取代新生儿疾病筛查，但是可以为后者提供技术补充。在卡梅伦·加西亚的案例中，一点点细微的差别可能都关乎性命。卡梅伦有与 X 连锁重症联合免疫缺陷病（X-linked SCID）相关的基因变化，这是测序能够检测出来的。如果得克萨斯州在卡梅伦出生时已实施婴幼儿测序计划，那么重症联合免疫缺陷病在不在该州新生儿疾病筛查清单中都没有什么影响，因为测序能够发现这一疾病。

然而，测序并不能检测出所有能导致重症联合免疫缺陷的基因变化，尤其是那些新的、此前未发现能引发疾病的基因变异。由儿科免疫学家詹妮弗·帕克（Jennifer Puck）开发的 TREC 测试在新生儿疾病筛查中可以筛选出由不同基因变化导致的 SCID。帕克是加州大学旧金山分校的首席研究员，负责管理该校新生儿测序经费。她表示："在某一个点上，我们不能确定测序是否有用。"帕克的研究小组正在研究加利福尼亚州那些在新生儿疾病筛查中查出新陈代谢病为阳性的婴儿的干血片。帕克和其他研究员将这些干血片存放在零下 20 摄氏度的低温中，并从中提取出 DNA。"我们想看看对这些干血片进行外显子组测序，是会得出同样的信息，还是会发现新的信息？"帕克说。

对帕克而言，原本公事公办的研究经过一次次的全国性会议染上了情感色彩，因为她接触到了一些悲痛欲绝的父母。那些父母视帕克为灯塔，拉着她想说说自己的经历，诉说在没人知道孩子病因时的无助。帕克还记得与詹妮弗·加西亚见面的场景，她被加西亚在儿子卡梅伦去世后化悲痛为行动的魄力深深打动了，在加西亚的推动下，得克萨斯州最终将重症联合免疫缺陷纳入了新生儿疾病筛查的清单。"所有这一切依然历历在目。"帕克说。

∞　∞　∞

为新生儿进行测序以筛查其一生可能患病的风险，这听起来不太现实，但在第一时间根除所有疾病的想法更加不切实际。后者正是一些科学家们希望 CRISPR 技术能够达到的效果。CRISPR 是一项基因编辑技术，目前已经因定制婴儿而引起了些许恐慌。

CRISPR 是 "Clustered Regularly Interspaced Short Palindromic Repeats"（成簇的规律间隔的短回文重复序列）的缩写，这种技术可以修改基因，使 Cas9 蛋白进入每个有问题的 DNA 序列中修复错误。由于能够进行生物编辑，CRISPR 技术能够治疗很多遗传疾病，这一技术已经在老鼠身上用于杜氏肌营养不良症和肝脏疾病的治疗实验。

研究人员目前正在使用 CRISPR 技术编辑 HIV 阳性患者的细胞，避免其艾滋病病情发展（这个方法目前只用于少部分即将接受骨髓移植的 HIV 患者，但 CRISPR 技术的影响不可限量）。或者如科学记者埃米·马克西门（Amy Maxmen）在《连线》杂志上写的一样："这个想法可能几十年后才能实现，那就是可以找到使人们感染 HIV 的基因，在确保它们对其他重要方面没有影响之后，在胚胎中进行'修补'，这样人们就可以生下对 HIV 病毒免疫的宝宝了。"

艾滋免疫胚胎将是一项生物医学界的创举。2016 年，中国研究人员对此进行了实验，试图用 CRISPR 技术制造出对艾滋病毒免疫的非活性胚胎。实验的困难在于有些胚胎的基因发生了预设的突变，而有的没有动静，还有的发生了完全不同的突变，这表明 CRISPR 技术还有待发展。基因编辑公司——爱迪塔斯医药公司（Editas Medicine）首席执行官卡特林·博斯利（Katrine Bosley）表示："在科学上，这并不算是一项严肃的尝试。"

这项工作颇具挑战性。要确认某个促成某种疾病的基因没有阻止其他疾病的作用，或者没有促进重要细胞功能的作用，是十分困难的。目前我们尚不清楚这项基因修补技术会带来什么样的影响。这就像煞费苦心地搭好了一个乐高造型，然后小心翼翼地抽出其中一块积木，我们可以祈祷造型不会被毁，但不抽掉这块积木就无法知道造型是否能保住。

约翰·霍普金斯大学教授、《塑造完美人类的科学》（*The Science of Human Perfection*）的作者纳撒尼尔·康姆福特（Nathaniel Comfort）2015 年参加了遗传与社会学中心的座谈会，这次会议的目的是讨论基因技术可能会有哪些正确用途和误用。在会议上，纳撒尼尔说道："毫无疑问，这项技术已经存在，且将用于编辑胚胎，尝试用不同的方法来完善胚胎。我预测，这项技术很可能并不会如我们所想的那样运行。生物学的发展并非一蹴而就，常常会出人意料，往往比人想象的复杂得多。假设有种基因形式能将智商提高 8 到 10 个点，试想谁不想要个更聪明的孩子呢？但问题是我们并不知道这种基因是否还会起到其他作用，它可能还有我们不了解的副作用。"

相比于全盘改变，现阶段更现实的做法是将重点放在博斯利所说的"有意义的成果"上。博斯利表示："如果可能，我们当然想治愈更多的人，但在很多疾病上我们都力不从心。然而，如果可以减缓乃至停止疾病的发展，那对病人来说不是一个有意义的成果吗？"

杜氏肌营养不良症通常在男孩身上发病，患者会肌肉无力，靠坐在轮椅上度日，且有呼吸困难等症状，通常会在 25 岁左右死亡。我们目前对导致杜氏肌营养不良症的基因变化已经有了很全面的了解，但这并不代表我们找到了治愈方法。摆在面前的难题是研究这种病是如何影响肌肉组织的。这种病通常由缺乏抗肌萎缩蛋白引起，而抗肌萎缩蛋白的作用正是确保肌肉细胞稳定。

CRISPR 疗法并不会修正每个肌肉纤维中的错误，它只提高特定肌肉的性能。博斯利说："用这个疗法治疗杜氏肌营养不良症有很大难度，因为有大量肌肉因病受损。我们也在想不同的办法。如果说修正每个肌肉细胞有点太过冒进，那么我们是否可以试试用 CRISPR 技术来专攻某一块，先改善患者的呼吸困难问题？"

博斯利的办公室位于马萨诸塞州剑桥市肯德尔广场，这里是生物科技产业的核心地带。在 5 月首个回暖的春日午后，我们坐在她的办公室里谈论 CRISPR 技术的潜力。博斯利棕色的眼睛闪动着。我说："你现在做的研究实在是太棒了。"

"是啊！就像科幻小说写的一样。"她说。

爱迪塔斯医药公司于 2016 年上市，首次公开募股便筹得 9.4 亿美元。吸引博斯利到爱迪塔斯就职的原因之一与 CRISPR 技术面临的道德争论有关。爱迪塔斯医药公司只研究生殖细胞以外的体细胞疾病。与生殖细胞不同，体细胞的变化不会遗传给后代。而修改人类的生殖细胞系，进而改变遗传法则的做法已经引发了人们巨大的担忧。

线粒体替代疗法（MRT）也面临着类似的争论。这种疗法防止恶性疾病病源传播的方法是从三个人身上提取 DNA，然后制成胚胎。线粒体紊乱是从母亲那里遗传而来的，线粒体替代疗法就是用健康女性的线粒体替换掉母亲 DNA 中的线粒体，以确保这一细胞加油站的健康。这种方法结合了父母双方和健康女性所捐献的线粒体 DNA，造出的胚胎会拥有核 DNA，即在细胞核中的 DNA。我们的躯体特征和行为特征是由核 DNA 决定的；线粒体 DNA 对细胞的健康能量代谢至关重要，同时还记录着我们的遗传起源。

修改后的 DNA 会遗传给后代，这成为了论战的焦点。一些人认为这样的话我们的孩子就沦为了科学实验的试验品；另一些人则很高兴，认为科技的力量能够帮我们生下健康的孩子。

从 20 世纪 90 年代末开始，美国有近 20 个孩子通过类似的方法——细胞质转移诞生。随后美国食品药品监督管理局警告研究人员，在进行此项操作之前必须先经过特许，随后该研究便转而以动物为对象。但到 2016 年底，一位美国医生宣布自己在未禁止线粒体替代疗法的墨西哥帮助一对约旦夫妇生下了一个孩子。这位医生叫约翰·张（John Zhang），来自纽约的新希望生殖中心，他从母亲和捐赠者的卵子中分别取出细胞核，然后将母亲的细胞核植入到捐赠者的卵子中。这位母亲有线粒体基因突变，她之前的两个孩子都因此患上了亚急性坏死性脑脊髓病去世。这种病是一种神经系统疾病，患者通常活不过 3 岁。2016 年 4 月，这对约旦夫妇的第三个孩子出生，5 个月过去后，没有出现患病迹象。

2015 年，英国通过立法允许生育专家进行线粒体替换疗法，成为世界上首个正式批准使用此项技术的国家。2016 年，由美国国家科学院、医学院和工程学院的健康与医药部门（原美国医学研究所）的成员组成的专家小组提出建议：美国食品药品监督管理局可修改规定，允许研究人员进行临床试验，前提是必须保证在证明绝对安全之前，只允许雄性胚胎接受线粒体转移，目的是规避对人类生殖系的风险。由于只有女性能够传递线粒体 DNA，接受线粒体替换疗法的男孩不会将自己改良过的基因物质遗传给后代。然而直到现在，这个问题仍悬而未决：就在这项建议出台的同时，美国颁布了一项联邦法律，规定在"人为创造或修改人类胚胎以实现遗传性基因改善"的研究中，美国食品药品监督管理局无权管理。

总体而言，伦理学家对于 CRISPR 技术的担忧远超对线粒体替换疗法的担心，因为根据专家小组的界定，两者之间存在着"重要性差别"：线粒体替换疗法修改的是基因，而 CRISPR 技术修改的是核 DNA。简而言之，在决定人的特性方面，核 DNA 的作用比线粒体 DNA 明显更胜一筹。体育迷们请注意：健康与医药部门的报告中的确提到，通过线粒体替换疗法可能实现"某种形式的'加强'（比如加强了线粒体 DNA 的有氧代谢能力），但其强度和覆盖的基因数量远远少于核 DNA 修正"。

2015 年，在一次国际基因组编辑秘密会议上，科学家们一致表示了对生殖细胞系编辑技术的谨慎态度，但同时表示他们会继续做实验，因为 CRISPR 技术产生的胚胎禁止在活体婴儿体内生长（尚不清楚谁会监督并执行这项法令）。几周之后，一位英国科学家被准许对胚胎进行 CRISPR 技术处理，以研究胚胎发育的早期形态，但是这些胚胎在孕期一周后就不能再实行分解。毋庸置疑，我们正处在时代的风口浪尖上，面临着各种令人眼花缭乱的可能性。正如杰出的遗传学家乔治·丘奇（George Church）所说，CRISPR 这项先进技术已经显现出盛极而衰的迹象。丘奇提出，与其编辑基因组，我们何不造出一些人工基因组？人类基因组编写项目组正试图从化学物质中制成人类的 DNA，这样在理论上科学家们就能制造出对病毒免疫的基因组，甚至可以绕过父母，造出一个活人。对此，斯坦福大学生物工程师德鲁·恩迪（Drew Endy）和西北大学生物伦理学教授劳里·佐罗斯（Laurie Zoloth）提出疑问："如果这种方式可行，那么我们是否就能为爱因斯坦的基因组进行测序和复制？如果是这样的话，谁应该负责这件事？应该在细胞中安装多少个基因组？"

在《自然》杂志的一篇评论文章中，生物伦理学家承认在生物学领域，关于如何正确框定和管理 CRISPR 技术催生的强大技术能量，尚存在很多疑问。文章写道："几十年来，人们就人类生殖细胞系修改的利弊争论不休，围绕如何区分医学治疗和基因加强、人们对于自己子女的生命享有哪些权利等问题的论战持续不休。然而，在道德争议不断的新兴科技领域找到合适的模式来有效管理这一复杂情况，难度相当大。"

当然，比起造出个"更好的"孩子而言，眼下的当务之急是利用CRISPR 技术的基因修补功能来治愈疾病，这也是争议较小的领域。但是根据哈佛大学公共卫生学院及知名健康医疗杂志 STAT 对 1000 名代表的调查，无论是出于哪种原因，公众对于 CRISPR 等技术的应用及其局限性心存恐慌。2016 年，83% 的受访者认为对未出生胎儿进行基因编辑以提高智力或增强体力是违法行为；65% 的受访者甚至对利用基因编辑技术来降低患重病的概率心存不满；同时，有 44% 的人认为他们会支持政府对胚胎基因编辑技术的研究，以期抵御囊性纤维化和亨廷顿舞蹈等重症疾病。如果父母想要规避家族遗传病，相比于基因编辑技术，目前选择胚胎移植前基因诊断技术更为保险。蒂娜·科贝尔通过这项技术制造并筛选了胚胎，不需要特定的条件；同时与改变胚胎的 CRISPR 技术不同，它只是标记出了健康的胚胎。

美国中央情报局局长在 2016 年度的《美国情报界全球威胁评估报告》中纳入了基因编辑技术，这反映了美国中央情报局、国家安全局和其他秘密机关对 CRISPR 技术不确定性的担忧。有创造"大规模杀伤性和扩散武器"能力的基因编辑技术已和"伊斯兰国"恐怖组织一起被列入了强大威胁的名单中。理论上，CRISPR 技术如果落入不法分子的手中，会产生灾难性后果，例如造出杀手蚊子，在农业重地散布病毒等。

∽ ∽ ∽

任何新技术出现初期，人们对其应用都会慎之又慎。2013 年康纳·列维（Connor Levy）出生时登上了国际新闻的头条，标题为《试管婴儿出生，基因筛查技术立大功》。要知道，并不是每个新生儿都能享受到这样的待遇。

康纳是世界上首个在出生前就已经接受过"可以阅读人类每个基

因组信息的筛查"的婴儿。实际情况比新闻标题要乏味得多：在被移入母亲的子宫前，康纳已经被测序技术细致地分析过了。但公众的骚动并不是针对康纳这个孩子本身，而是针对可以分析胚胎的技术。就目前掌握的信息而言，对胚胎、新生儿、幼儿或成人进行测序在理论上可以产生众多健康和疾病风险信息，也伴随着种种道德和伦理争议。但在康纳的案例中，他的父母——做抵押贷款银行家的母亲玛丽贝思·列维（Marybeth Levy）和做护士的父亲大卫·列维（David Levy）并不是虎爸虎妈，他们选择做基因检测是急于知道自己未来的孩子的一切信息。其实这是一项研究实验的一部分，研究人员用这项测序技术代替已有的基因技术，检测出染色体正常的胚胎。要撤回染色体异常的胚胎甚至比孕育出婴儿的难度更大。

列维夫妇在位于宾夕法尼亚州布林莫尔学院的费城生殖医疗中心接受了治疗。医生为列维夫妇的 13 个胚胎进行了切片检查，从每个胚胎中抽取出了几个细胞，并送至牛津大学研究员达根·威尔斯（Dagan Wells）处。测序结果显示，只有三个胚胎的染色体数量是正常的。这三个胚胎中的一个被移植到了玛丽贝思的子宫中，孕育出了康纳。当我去费城拜访列维夫妇（他们住在联排别墅中，房子狭窄但坚固）时，康纳已经 13 个月了，他长了一头乱蓬蓬的金发和一双蓝色大眼睛，嘴里嚼着烤奶酪，在我的笔记本后面玩躲猫猫游戏。看到这样可爱的孩子，任谁都会想测序技术肯定在康纳的基因中识别出了可爱基因。

列维夫妇没有想到自己的故事能引起这么大的轰动。他们受邀参加脱口秀《医生们》（The Doctors），接受了来自西班牙、以色列和德国等国记者的采访。玛丽贝思上班的时候，同事也常常想让她拿出"著名宝宝"的照片看看。玛丽贝思说："在谷歌里搜一下，所有相关信息就都出来了。很多人说这种做法不合道德，有开启超级人类竞赛的嫌疑；他们还说我们这是要消灭那些棕色头发、棕色眼睛的宝宝。"

列维夫妇才不管什么棕色眼睛、棕色头发呢。在怀孕失败后，他们只想要个孩子。大卫说："只要孩子能吃、能睡，只要孩子健康就行。我们还开玩笑说，猜猜有个基因加强版的孩子会有多好。"

当然，技术发展的脚步不会停歇，它会变得愈加精密，会在胚胎受孕之前、在子宫孕育之时、来到瞬息万变的世上之后不断反馈出更多、更精确的信息。

事实上，尽管形形色色的技术已经大大超出了父母们的预期，但他们的目标始终如一，那就是生一个健康的孩子。技术只是达到目标的一个手段，只是让孩子保持健康的一种方式。父母是孩子们最重要的保护伞，他们守护着孩子们的健康和未来，让那些神神秘秘的"完美孩子"都去一边吧。

玛丽贝思的不孕不育医生迈克尔·格拉斯纳（Michael Glassner）对夫妇俩说，他们"中了遗传学大奖"，正好赶上允许康纳接受测序。虽然列维夫妇开玩笑叫自己的孩子"弗兰肯斯坦小孩"，但是他们并不是这样想的。和世界上千千万万的父母一样，不论采取多么先进的遗传学技术，他们都"只是因为生了个健康的宝宝而开心不已"。

The Gene
Machine

致 谢

HOW GENETIC
TECHNOLOGIES ARE CHANGING
THE WAY WE HAVE KIDS - AND THE KIDS WE HAVE

在我的案头，放了一幅漫画，标题是"记者每天是如何开始工作的"，画中有一条标语："今天，我是这个领域的专家。"标语下面站着一群记者，其中一位记者一只手蒙着眼睛，另一只手正在朝布告栏上掷飞镖，布告栏上写满潜在的话题："政治、经济、汽车修理、卫生保健、油、姜、股票、束缚。"还有一些令人着迷的选项（化粪池，有人感兴趣吗）。但是这幅漫画传达的观点是很清楚的：记者并不能成为所有领域的专家，那么在主题菜单如此庞大的情况下，我们究竟应该如何写作呢？

我幸运地混入了聪明人堆里，对那些帮助我让这本书成型的人，"感激"远远不足以描述我的心情。梅雷迪斯·哈迪将那些帮助她儿子、让他维持正常生命运转的人称为"明星"，我很赞同。那些不厌其烦、不放过任何细节地向我解释他们工作的伦理学家、内科医生、遗传咨询师和科学家也正是我个人的"摇滚明星"。这群人可以说是某种意义上的世卫组织——由生殖学、儿科医学以及生物伦理学领域有影响力的人组成的世卫组织。我为他们的洞察力感到震惊，也很感激他们抽出时间接受我的采访。虽然我不能把每一位采访对象都纳入其中，但每一次谈话都有助于我充分了解和划定这本书的范围。如果我把每一个帮助过我的人的名字都写上，我还需要一章。我要特别感谢诗瓦丽·拿撒勒（Shivani Nazareth）、霍莉·泰伯（Holly Tabor）、布莱恩·斯科特科（Brian Skotko），尤其是迈克·班夏德，他读了（反复地读，而且毫无怨言）很多章，以保证技术上的准确性。希瑟·摩尔（Heather Mefford）非常慷慨地让我和她一起参加了基因大会。本·威丰德（Ben Wilfond）允许我进入他的私人图书馆长期借阅，还给了我一堆生物伦理学的书，让我得以开始这个项目。

在基因学是如何重塑我们育儿方式这个问题上，很多专家提出了深刻见解，他们是当之无愧的思想领袖。而我采访的那些父母们，则是这本书的情感内核。数十个家庭欢迎我，允许我进入他们的家中，与我分享他们做基因测试的经历，以及他们面对的基因困境。我和他们的孩子们一起玩耍，和他们一起吃饭，每次提问之后，又会提出更多的问题，而他们总是优雅、耐心地回答我。

当我想到这些家庭时，我总会想到他们的力量、坚持、决心，他们把如何正确对待自己的孩子当成头等大事。其中一个家庭，宾夕法尼亚州蓝铃市的贝尔彻一家，给我留下了深刻而持久的印象。他们的女儿朱丽叶被困在轮椅里，她患有严重的退行性遗传疾病，无法像别人那样走路、说话、读书、写字，因为身体无法维持恒温，所以夏天和冬天都不能外出。她的父母把室外带进了室内，在她的墙上画上了树木、花朵和闪闪发亮的大黄蜂，他们不知疲倦地支持研究人员的探索，以期明白朱丽叶的基因是哪里出了错，他们相信每一天自己都离治疗手段更近一步了。其他人可能认为没有希望，贾尼斯（Janis Belcher）和迈克·贝尔彻（Mike Belcher）夫妇却满怀希望。贾尼斯戴的项链上有个小饰品，刻着朱丽叶的名字和生日。它上面盖着一个更小点的饰品，刻着"希望"。我写这本书是为了贝尔彻夫妇这样的父母——家中有病儿的父母；为了帮助那些寻求遗传学进展的备孕父母，让他们拥有健康的孩子；为了所有那些陷在广阔的中间地带的父母；以及那些陷在疾病和健康中间的父母。我们都希望自己有个健康的孩子，但是并不是所有人都能拥有健康的孩子。对于后者，希望尚在，没有哪个时代比这个基因组时代更有希望。

我对《时代周刊》杂志的很多人都非常感激，从约翰·休伊（John Huey）开始，他在 25 年前第一个站出来指导我，鼓励我承担这个项目。谢谢编辑南希·吉布斯（Nancy Gibbs）、凯茜·沙瑞克（Cathy Sharick）、汤姆·韦伯（Tom Weber），你们支持我的报道，从而给这个项目提供了灵感。感谢索拉·宋（Sora Song），在我又写了一篇关于基因如何影响育儿的文章时，她不厌其烦地回答了我的疑问。感谢朱莉·拉韦（Julie Rawe），她娴熟而不知疲倦地帮助我，让一个关于儿童基因组测序的线上系列报道和一本杂志的封面故事得以顺利诞生。在我挣扎着写完自己第一本书的过程中，她送给我的蜂鸣器在这场冒险中得到了充分应用。

无尽感激我的经纪人威尔·利平科特（Will Lippincott），在整个过程中他帮我保持理智，他实现了各类身份的无缝转换，从文学经纪人到心理治疗师到特级谈判专家，之后再转换回来。他帮这本书找到了完美的家，我非常幸运，拥有两位尽心尽责的编辑，他们将自己的才能投入到我的文章中。感谢阿曼达·穆恩（Amanda Moon）以大量尖锐的问题和对这个主题的热情来开启这个过程，然后产假结束后，迅速回归她那无所畏惧的领导者角色。她的见解在怀孕期间变得更加敏锐。我的丈夫注意到，写书和生孩子并没有太大的区别——都是创作性行为（阿曼达，你的待遇更好，只做了 9 个月）。我对亚历克斯·施塔尔（Alex Star）怀着深深的感激之情，他在最后冲刺中做了繁重的工作，敏捷地投身于这个复杂的话题，提出正确的问题，优雅地将我的冗长的文本打造成条理分明、紧密结合的叙述。编辑助理斯科特·博彻特（Scott Borchert）耐心地引导我通过 FSG 的成书过程。文字编辑安妮·戈特利布（Annie Gottlieb）把她老鹰一样锐利的目光集中在我的手稿上，校对信息的真实性，让每一个句子都能唱出美妙的韵律。校对朱迪·基维特（Judy Kiviat）、德布拉·弗里德（Debra Fried）和制作编辑斯科特·奥尔巴赫（Scott Auerbach）的编辑把完美主义带到了新的高度，他们仔细地检查了每一个单词。鲍比·威克斯（Bobby Wicks）则想出了十分有创意的方法来宣传我们的成品。

非常感谢我的丈夫大卫·平克（Dov Pinker），他鼓励我写这本书，并且无条件地支持我。我非常感谢我的父母，在交稿截止的前夕，他们不止一次飞过来照顾他们的外孙。感谢珍妮·扎卡赖亚（Janine Zacharia）提供了无价的反馈意见，支持了这个过程的每一步。我向自己的孩子们致以无比的感激之情，2015年，我达到了自己的第一个里程碑，提交了这本书手稿的二分之一，他们举办了一个"作家妈妈"的聚会，还给我写了一首歌。他们曾经担任过我不知疲倦的啦啦队队员，即使我躲在楼上与世隔绝，告诫他们"不要打扰我，除非你们出血了"时，他们连一滴血都没弄出来过，这点我也很感激。

北京阅想时代文化发展有限责任公司为中国人民大学出版社有限公司下属的商业新知事业部，致力于经管类优秀出版物（外版书为主）的策划及出版，主要涉及经济管理、金融、投资理财、心理学、成功励志、生活等出版领域，下设"阅想·商业""阅想·财富""阅想·新知""阅想·心理""阅想·生活"以及"阅想·人文"等多条产品线。致力于为国内商业人士提供涵盖先进、前沿的管理理念和思想的专业类图书和趋势类图书，同时也为满足商业人士的内心诉求，打造一系列提倡心理和生活健康的心理学图书和生活管理类图书。

《颠覆性医疗革命：未来科技与医疗的无缝对接》

- 一位医学未来主义者对未来医疗 22 大发展趋势的深刻剖析，深度探讨创新技术风暴下传统医疗体系的瓦解与重建。
- 硅谷奇点大学"指数级增长医学"教授吕西安·恩格乐作序力荐。
- 医生、护士以及医疗方向 MBA 必读。

《基因泰克：生物技术王国的匠心传奇》

- 生物技术产业开山鼻祖与领跑者——基因泰克官方唯一授权传记。
- 精彩再现基因泰克从默默无闻到走上巅峰的跌宕起伏的神奇历程。
- 本书有很多精彩的访谈节选，与故事叙述相辅相成，相得益彰。写作收放自如，既有深入的描写，又有独到的总结，生动地描写了高新技术企业创业时期的困惑与愉悦。

《未来生机：自然、科技与人类的模拟与共生》

- 从 Google 到 Zoogle，关于自然、科技与人类"三体"博弈的超现实畅想和未来进化史。
- 中国科普作家协会科幻创作社群——未来事务管理局，北京科普作家协会副秘书长陈晓东，北师大教授、科幻作家吴岩倾情推荐。

《AI：人工智能的本质与未来》

- 一部人工智能进化史。
- 集人工智能领域顶级大牛、思维与机器研究领域最杰出的哲学家多年研究之大成。
- 关于人工智能的本质和未来更清晰、简明、切合实际的论述。

《钢铁侠埃隆·马斯克：凭什么改变未来》

- 他是电影钢铁侠的灵感来源。
- 他被誉为最有可能超越乔布斯的梦想实践家。
- 他被奥巴马称为"美国最伟大的创新者"。
- 他是郭台铭、雷军等科技大佬最敬佩的年轻实业家。
- 他就是为改变未来而来的钢铁侠。

《好奇心：保持对未知世界永不停息的热情》

- 《纽约时报》《华尔街日报》《赫芬顿邮报》《科学美国人》等众多媒体联合推荐。
- 一部关于成就人类强大适应力的好奇心简史。
- 理清人类第四驱动力——好奇心的发展脉络，激发人类不断探索未知世界的热情。

图书在版编目（CIP）数据

基因机器：推动人类自我进化的生物科技 /（美）邦妮·罗彻曼（Bonnie Rochman）著；张宏翔，李越译 . — 北京：中国人民大学出版社，2018.2

书名原文：The Gene Machine：How Genetic Technologies Are Changing the Way We Have Kids–and the Kids We Have

ISBN 978-7-300-25153-0

Ⅰ . ①基… Ⅱ . ①邦… ②张… ③李… Ⅲ . ①基因工程—影响—研究 Ⅳ . ① Q78

中国版本图书馆 CIP 数据核字（2017）第 287659 号

基因机器：推动人类自我进化的生物科技

［美］邦妮·罗彻曼（Bonnie Rochman） 著

张宏翔 李越 译

Jiyin Jiqi：Tuidong Renlei Ziwo Jinhua de Shengwu Keji

出版发行	中国人民大学出版社			
社　　址	北京中关村大街 31 号		**邮政编码**	100080
电　　话	010-62511242（总编室）			010-62511770（质管部）
	010-82501766（邮购部）			010-62514148（门市部）
	010-62515195（发行公司）			010-62515275（盗版举报）
网　　址	http：//www.crup.com.cn			
	http：//www.ttrnet.com（人大教研网）			
经　　销	新华书店			
印　　刷	北京德富泰印务有限公司			
规　　格	155mm×230mm　16 开本		**版　　次**	2018 年 2 月第 1 版
印　　张	13.5　插页 2		**印　　次**	2019 年 5 月第 2 次印刷
字　　数	185 000		**定　　价**	65.00 元